爱的五重奏

周国平 著

长江出版传媒　长江文艺出版社

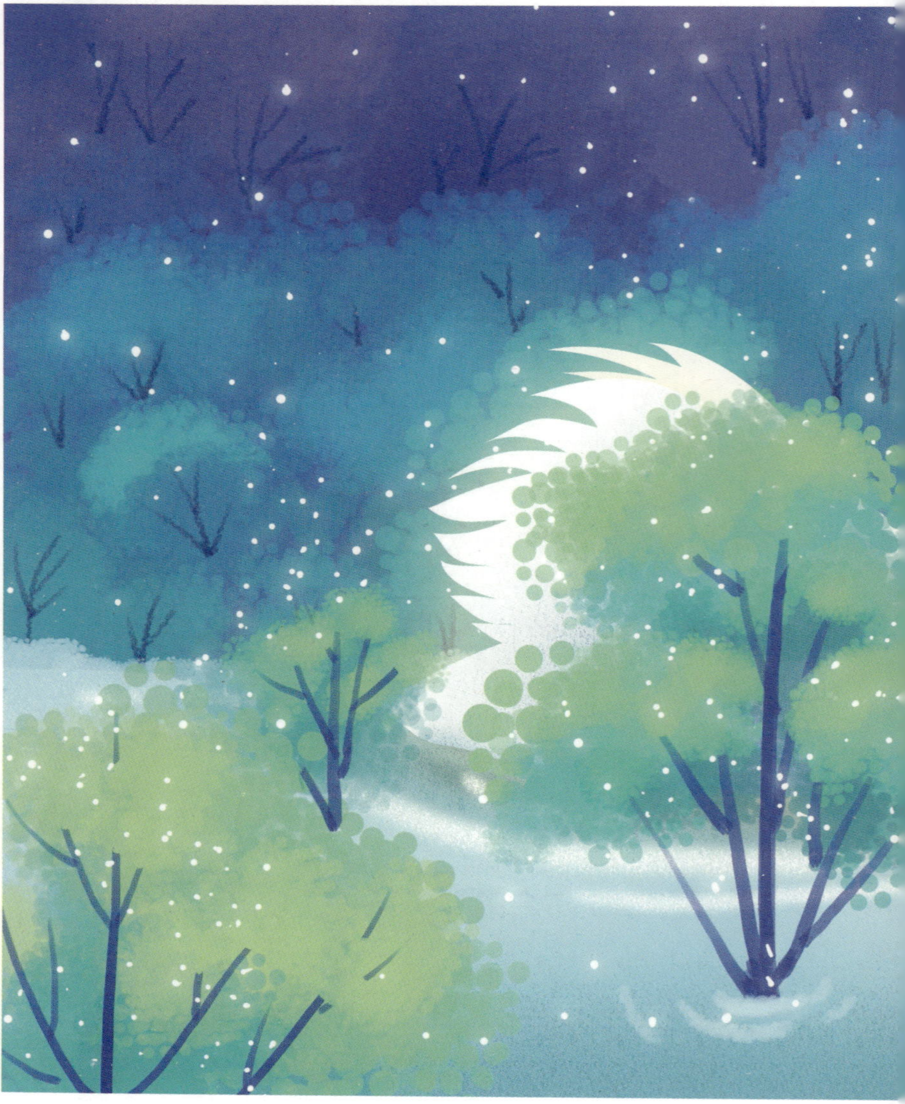

为了让一个心爱的女人高兴,我将努力去争取成功。然而,假如我失败了,或者我看穿了名声的虚妄而自甘淡泊,她仍然理解我,她在我眼中就更加可敬了。

——《男人眼中的女人》

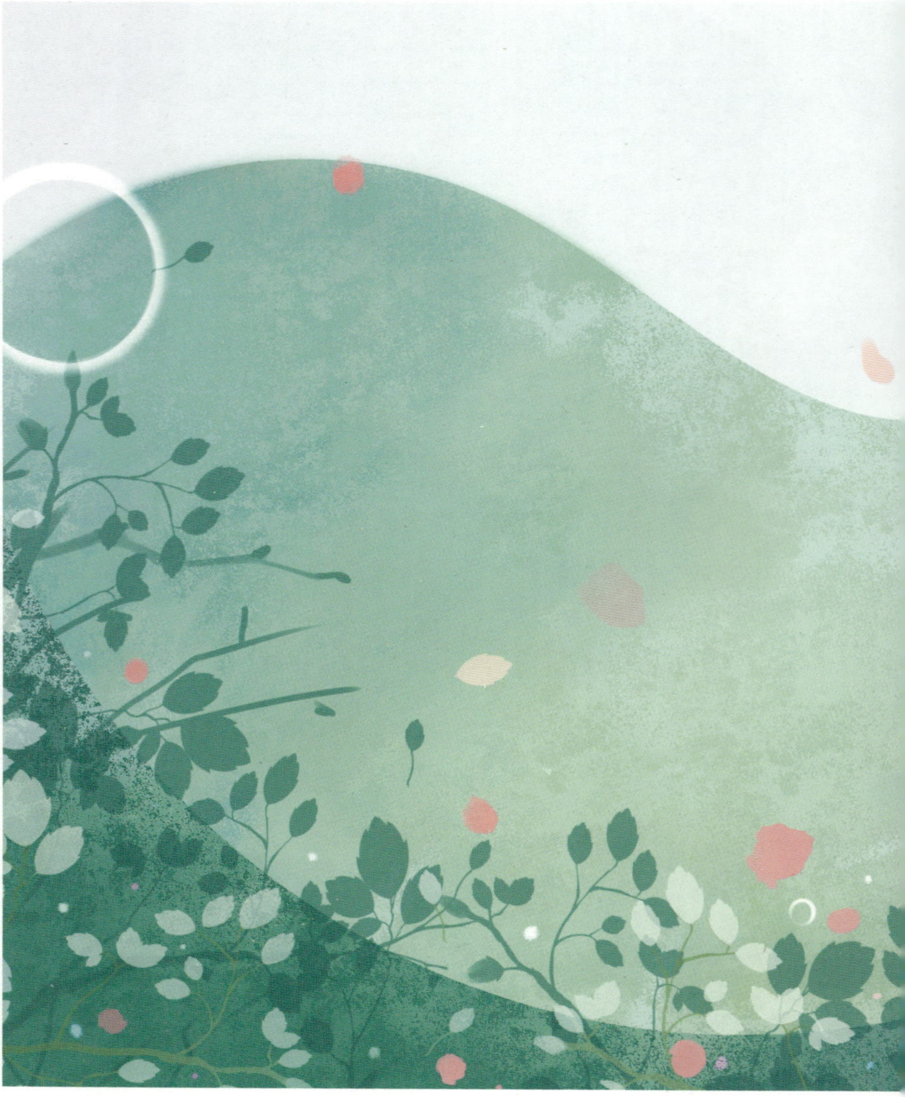

我爱写作,我只考虑怎样好好写我想写的作品。我爱女人,我只考虑怎样好好爱那一个与我共命运的好女人。

——《男子汉形象》

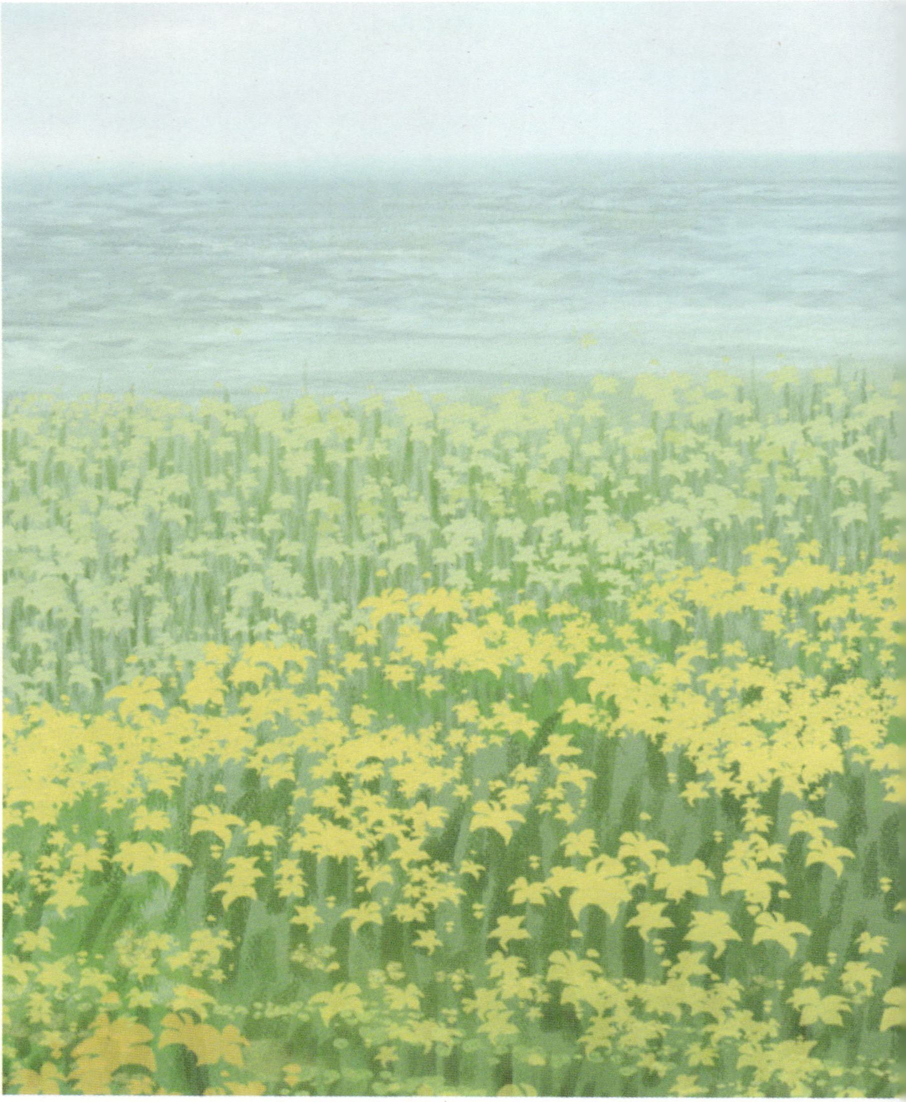

在年少时，我们往往心安理得地享受着母亲的关爱，因为来得容易也就视为当然。直到饱经了人间的风霜，或者自己也做了父母，母亲的慈爱形象在我们心中才变得具体、丰满而伟大。

——《女性价值》

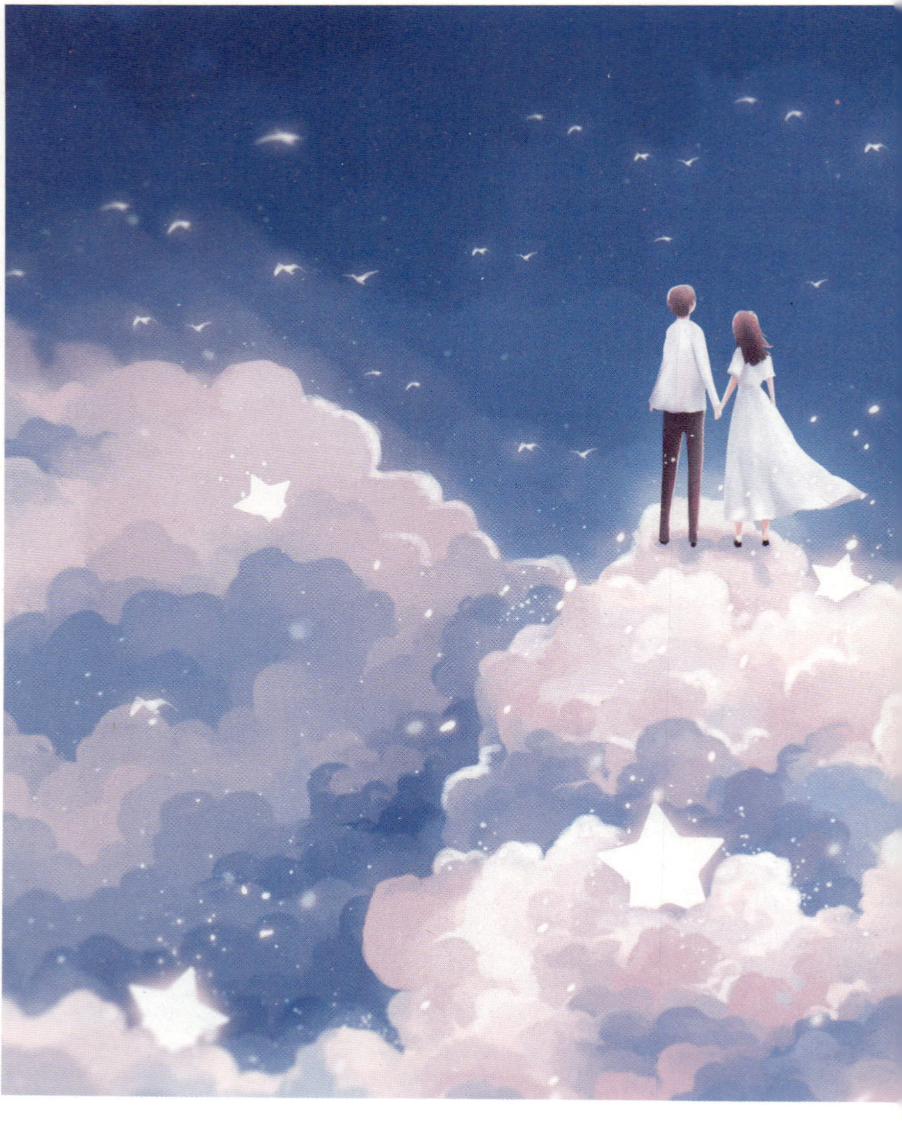

真正的爱情是两颗心灵之间不断互相追求和吸引的过程,这个过程不应该因为结婚而终结。

——《永远未完成》

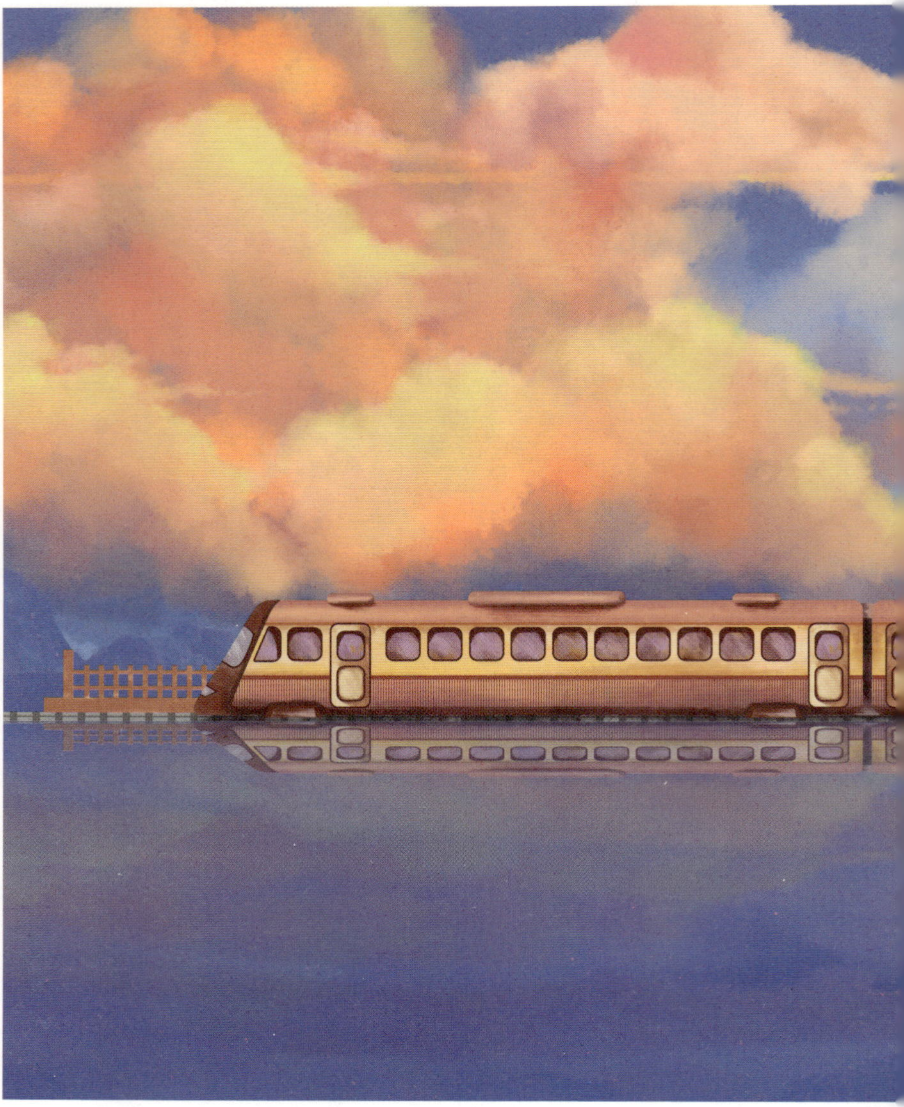

那种绝对符合定义的完美的爱情只存在于童话中,现实生活中的爱情不免有这样或那样的遗憾,但这正是活生生的男人和女人之间的活生生的爱情。

——《花心男女的专一爱情》

因为爱，我们才有了观察人性和事物的浓厚兴趣。因为挫折，我们的观察便被引向了深邃的思考。

——《爱使人富有》

目 录　　　　　　　　　　　　CONTENTS

小　序

第一辑

说女人，
顺便说一说男人
/ 001

女性拯救人类　　　　　　／ 003
女性是永恒的象征　　　　／ 006
现代：女性美的误区　　　／ 007
女人和哲学　　　　　　　／ 009
男人眼中的女人　　　　　／ 012
能使男人受孕的女人　　　／ 021
我对女性只有深深的感恩　／ 025
人生寓言三则　　　　　　／ 027
原罪的故事　　　　　　　／ 030
可持续的快乐　　　　　　／ 031
男子汉形象　　　　　　　／ 034
关于好男人　　　　　　　／ 036
本质的男人　　　　　　　／ 038
女性价值　　　　　　　　／ 041
女性魅力　　　　　　　　／ 044
女性心理　　　　　　　　／ 046
男人与色情　　　　　　　／ 048

第二辑

说两性之间的事情
/ 051

性之颂	/ 053
欣赏另一半	/ 057
性爱五题	/ 059
艺术·技术·魔术	/ 066
可能性的魅力	/ 070
尼采的鞭子	/ 072
快感离幸福有多远?	/ 073
无止境的浪漫也会产生审美疲劳	/ 076
两性比较	/ 082
两性之间	/ 084
性爱哲学	/ 087
性爱伦理学	/ 091
性爱心理学	/ 094
性爱美学	/ 098

第三辑

说爱情的酸甜苦辣
/ 103

爱情不风流	/ 105
爱：从痴迷到依恋	/ 108
幸福的悖论	/ 111
永远未完成	/ 121
何必温馨	/ 125
人人都是孤儿	/ 128
爱还是被爱?	/ 130
爱情是一条流动的河	/ 133
花心男女的专一爱情	/ 135
情人节	/ 138
局外人谈情人节	/ 140
爱使人富有	/ 141
情爱价值的取舍	/ 143
人性、爱情和天才	/ 144
在维纳斯脚下哭泣	/ 152
爱情形而上学	/ 157
爱情学大纲	/ 167
爱情的容量	/ 173
爱的距离	/ 176
我爱故我在	/ 179
爱与孤独	/ 181

第四辑

说伤脑筋的婚姻
/ 185

调侃婚姻	/ 187
宽松的婚姻	/ 190
嫉妒的权利	/ 194
论怕老婆	/ 201
婚姻的悖论与现代的困境	/ 204
婚姻中的爱情	/ 210
亲密有间	/ 212
夫妻间的隐私	/ 214
婚姻如何能长久	/ 216
婚姻中的利益考虑	/ 218
家	/ 219
心疼这个家	/ 222
恋家不需要理由	/ 225
孤岛断想二则	/ 227
婚姻与爱情	/ 230
婚姻不是天堂	/ 234

第五辑

说孩子
/ 239

新大陆	/ 241
携小女远游	/ 256
我给女儿当秘书	/ 260
生命中的珍宝	/ 267
普遍的父爱之情	/ 274
孩子的独立精神	/ 277
为了孩子的平安	/ 278
父母们的眼神	/ 281
记录成长	/ 283
鼓励孩子的哲学兴趣	/ 286
创造力的来源	/ 288
亲子之情	/ 289
孩子和教育	/ 292

小 序

本书是我谈女人、性、爱情、婚姻、孩子的几乎全部文字的汇编。

《爱的五重奏》是一个合适的书名,涵盖了全书的五个话题。我一向认为,女人在爱的音乐中占据着中心的位置,就像是钢琴五重奏中的钢琴。同时,在相爱的男女之间,性、爱情、婚姻、孩子是一个也不能少的,合起来才是完整的爱的音乐。所以,这个书名又是我的性爱观的一种表达。

我把我的祝福随本书一起送出,祝愿天下有情人性事欢洽,爱情深笃,婚姻美满,孩子无比可爱。

周国平

第一辑

说女人,顺便说一说男人

女性拯救人类

女性是一个神秘的性别。在各个民族的神话和宗教传说中,她既是美、爱情、丰饶的象征,又是诱惑、罪恶、堕落的象征。她时而被神化,时而被妖化。诗人们讴歌她,又诅咒她。她长久罩着一层神秘的面纱,掀开面纱,我们看到的仍是神秘莫测的面影和眼波。

有人说,女性是晨雾萦绕的绿色沼泽。这个譬喻形象地道出了男子心目中女性的危险魅力。

也许,对于诗人来说,女性的神秘是不必也不容揭破的,神秘一旦解除,诗意就荡然无存了。但是,觉醒的理性不但向人类、而且向女性也发出了"认识你自己"的召唤,一门以女性自我认识为宗旨的综合学科——女性学——正在兴起并迅速发展。面对这一事实,诗人们倒无需伤感,因为这门新兴学科将充分研究他们作品中所创造的女性形象,他们对女性的描绘也许还从未受到女性自身如此认真的关注呢。

一般来说,认识自己是件难事。难就难在这里不仅有科学与迷信、真理与谬误、良知与偏见的斗争,而且有不同价值取向的冲突。"人是什么"的问题势必与"人应该是什么""人能够是什么"的问题互相纠缠。同样,"女人是什么"的问题总是与"女人应该是什么""女人能够是什么"的问题难分难解。正是问题的这一价值内涵使得任何自我认识同时也成了一个永无止境的自我评价、自我设计、自我创造的过程。

在人类之外毕竟不存在一个把人当作认识对象的非人族类，所谓神意也只是人类自我认识的折射。女性的情形就不同了，有一个相异的性类对她进行着认识和评价，因此她的自我认识难以摆脱男性观点的纠缠和影响。人们常常争论：究竟男人更理解女人，还是女人自己更理解女人？也许我们可以说女人"当局者迷"，但是男人并不具有"旁观者清"的优势，因为他在认识女人时恰恰不是旁观者，也是一个当局者，不可能不受欲念和情感的左右。两性之间事实上在不断发生误解，但这种误解又是同各性对自身的误解互为前提的。另一方面，我们即使彻底排除了男权主义的偏见，却终归不可能把男性观点对女性的影响也彻底排除掉。无论到什么时候，女人离开男人就不成其为女人，就像男人离开女人就不成其为男人一样。男人和女人是互相造就的，肉体上如此，精神上也如此。两性存在虽然同属人的存在，但各自性别意识的形成却始终有赖于对立性别的存在及其对己的作用。这种情形既加重了、也减轻了女性自我认识的困难。在各个时代的男性中，始终有一些人超越了社会的政治经济偏见而成为女性的知音，他们的意见是值得女性学家重视的。

对于女人，有两种常见的偏见。男权主义者在"女人"身上只见"女"，不见"人"，把女人只看作性的载体，而不看作独立的人格。某些偏激的女权主义者在"女人"身上只见"人"，不见"女"，只强调女人作为人的存在，抹杀其性别存在和性别价值。后者实际上是男权主义的变种，是男权统治下女性自卑的极端形式。真实的女人当然既是"人"，又是"女",是人的存在与性别存在的统一。正像一个健全的男子在女人身上寻求的既是同类,又是异性一样,在一个健全的女人看来,倘若男人只把她看作无性别的抽象的人,其所受侮辱的程度绝不亚于只把她看作泄欲和生育的工具。

值得注意的是,随着西方文明日益暴露其弊病,越来越多的有识之士从女性身上发现了一种疗救弊病的力量。对于这种力量,艺术家早有觉悟,所以歌德诗曰:"永恒之女性,领导我们走。"与以往不同的是,现在哲学家们也纷纷觉悟了。马尔库塞指出,由于妇女和资本主义异化劳动世界相分离,这就使得她们有可能不被行为原则弄得过于残忍,有可能更多地保持自己的感性,也就是说,比男人更人性化。他得出结论:一个自由的社会将是一个女性社会。法国后结构主义者断言,如果没有人类历史的"女性化",世界就不可能得救。女性本来就比男性更富于人性的某些原始品质,例如情感、直觉和合群性,而由于她们相对脱离社会的生产过程和政治斗争,使这些品质较少受到污染。因此,在"女人"身上,恰恰不是抽象的"人",而是作为性别存在的"女",更多地保存和体现了人的真正本性。同为强调"女人"身上的"女",男权偏见是为了说明女人不是人,现代智慧却是要启示女人更是人。当然,我们说女性拯救人类,并不是让女性独担这救世重任,而是要求男性更多地接受女性的熏陶,世界更多地倾听女性的声音,人类更多地具备女性的品格。

1988.4

女性是永恒的象征

如果一定要在两性之间分出高低，我相信老子的话："牝常以静胜牡"，"柔弱胜刚强"。也就是说，守静、柔弱的女性比冲动、刚强的男性高明。

老子也许是世界历史上最早的女性主义者，他一贯旗帜鲜明地歌颂女性，最典型的是这句话："谷神不死，是谓玄牝。玄牝之门，是谓天地根。"翻译成白话便是：空灵、神秘、永恒，这就是奇妙的女性，女性生殖器是天地的根源。注家一致认为，老子是在用女性比喻"道"即世界的永恒本体。那么，在老子看来，女性与道在性质上是最接近的。

无独有偶，歌德也说："永恒之女性，引我们上升。"细读《浮士德》原著可知，歌德的意思是说，"永恒"与"女性"乃同义语，在我们所追求的永恒之境界中，无物消逝，一切既神秘又实在，恰似女性一般圆融。

在东西方这两位哲人眼中，女性都是永恒的象征，女性的伟大是包容万物的。

大自然把生命孕育和演化的神秘过程安置在女性身体中，此举非同小可，男人当知敬畏。与男性相比，女性更贴近自然之道，她的存在更为圆融，更有包容性，男人当知谦卑。

2005.1

现代：女性美的误区

我不知道什么是现代女性美，因为在我的心目中，女性美在于女性身上那些比较永恒的素质，与时代不相干。她的服饰不断更新，但衣裳下裹着的始终是作为情人、妻子和母亲的同一个女人。

现在人们很强调女人的独立性。所谓现代女性，其主要特征大约就是独立性强，以区别于传统女性的依附于丈夫。过去女人完全依赖男人，原因在社会。去掉了社会原因，是否就一点不依赖了呢？大自然的安排是要男人和女人互相依赖的，谁也离不了谁。由男人的眼光看，一个太依赖的女人是可怜的，一个太独立的女人却是可怕的，和她们在一起生活都累。最好是既独立，又依赖，人格上独立，情感上依赖，这样的女人才是可爱的，和她一起生活既轻松又富有情趣。

让我明白地说一句吧——依我看，"现代"与"女性美"是互相矛盾的概念。现代社会太重实利，竞争太激烈，这对于作为感情动物的女性当然不是有利的环境。在这样的环境里，真正的女性即展现着纯真的爱和母性本能的女人日益减少，又有什么奇怪呢？不过，同时我又相信爱和母性是女人最深邃的本能，环境只能压抑它，却不能把它磨灭。受此本能的指引，女人对于人生当有更加正确的理解。男人们为了寻找幸福而四面出征，争名夺利，到头来还不是回到这块古老的土地上，在女人和孩子身边，才找到人生最醇美的幸福？所以，为了生存和虚荣，女人们不妨鼓励你们的男人去竞争，但请你们记取我这一句话：好女人能刺激起男人的野心，最好的女人却还能抚平男人的野心。

1991.8

女人和哲学

"女人搞哲学,对于女人和哲学两方面都是损害。"

这是我的一则随感中的话,发表以后,招来好些抗议。有人责备我受了蔑视女人的叔本华、尼采的影响,这未免冤枉。这则随感写在我读叔本华、尼采之前,发明权当属我。况且我的出发点绝非蔑视女人,我在这则随感中接着写的那句确是真心话:"老天知道,我这样说,是因为我多么爱女人,也多么爱哲学!"

我从来不认为女人与智慧无缘。据我所见,有的女人的智慧足以使多数男人黯然失色。从总体上看,女性的智慧也绝不在男性之下,只是特点不同罢了。连叔本华也不能不承认,女性在感性和直觉方面远胜于男性。不过,他出于哲学偏见,视感性为低级阶段,因而讥笑女人是长不大的孩子,说她们的精神发育"介于男性成人和小孩之间"。我却相反,我是把直觉看得比逻辑更宝贵的,所以对女性的智慧反而有所偏爱。在男人身上,理性的成熟每每以感性的退化为代价。这种情形在女人身上较少发生,实在是值得庆幸的。

就关心的领域而言,女性智慧是一种尘世的智慧,实际生活的智慧。女人不像男人那样好作形而上学的沉思。弥尔顿说:"男人直接和上帝相通,女人必须通过男人才能和上帝相通。"依我看,对于女人,这并非一个缺点。一个人离上帝太近，便不容易在人世间扎下根来。男人寻找上帝，到头来不免落空。女人寻找一个带着上帝的影子的男人，多少还有几分把握。当男人为死后的永生或虚无这类问题苦恼时，女人把温暖的乳汁送进孩子的身体，为人类生命的延续做着实在的贡献。林语堂说过一句很贴切的话："男子只懂得人生哲学，女子却懂得人生。"如果世上只有大而无当的男性智慧，没有体贴入微的女性智慧，世界不知会多么荒凉。高尔基揶揄说："上帝创造了一个这么坏的世界，因为他是一个独身者。"我想，好在这个独身者尚解风情，除男人外还创造了另一个性别，使得这个世界毕竟不算太坏。

事实上，大多数女人不喜欢哲学。喜欢哲学的女人，也许有一个聪明的头脑，想从哲学求进一步的训练；也许有一颗痛苦的灵魂，想从哲学中找解脱的出路。可惜的是，在大多数情形下，学了哲学，头脑变得复杂、抽象也就是不聪明了；灵魂愈加深刻、绝望也就是更痛苦了。看到一个聪慧的女子陷入概念思辨的迷宫，说着费解的话，我不免心酸。看到一个可爱的女子登上形而上学的悬崖，对着深渊落泪，我不禁心疼。坏的哲学使人枯燥，好的哲学使人痛苦，两者都损害女性的美。我反对女人搞哲学，实出于一种怜香惜玉之心。

翻开历史，有女人成为大诗人的，却找不到一例名垂史册的女哲人，这并非偶然。女人学哲学古已有之，毕达哥拉斯、柏拉图、伊壁鸠鲁都招收过女学生，成绩如何，则不可考。从现代的例子看，波伏瓦、苏珊·朗格、克莉斯蒂娃等人的哲学建树表明，女人即使不能成为哲学的伟人，至少可以成为哲学的能者。那么，女人怎么损害哲学啦？这个问题真把我问住了。的确，若以伟人的标准衡量，除极个别如海德格尔者，一般男人也无资格问津哲学。若不是，则女人也不妨从事哲学研究。女人把自己的直觉、情感、务实精神带入哲学，或许会使哲学变得更好呢。只是这样一来，它还是否成其为哲学，我就不得而知了。

1992.5

男人眼中的女人

一

女人是男人的永恒话题。

男人不论雅俗智愚，聚在一起谈得投机时，话题往往落到女人身上。由谈不谈女人，大致可以判断出聚谈者的亲密程度。男人很少谈男人。女人谈女人却不少于谈男人，当然，她们更投机的话题是时装。

有两种男人最爱谈女人：女性蔑视者和女性崇拜者。两者的共同点是欲望强烈。历来关于女人的最精彩的话都是从他们口中说出的。那种对女性持公允折中立场的人说不出什么精彩的话，女人也不爱听，她们很容易听出公允折中背后的欲望乏弱。

二

古希腊名妓弗里妮被控犯有不敬神之罪，审判时，律师解开她的内衣，法官们看见她的美丽的胸脯，便宣告她无罪。

这个著名的例子只能证明希腊人爱美，不能证明他们爱女人。

相反，希腊人往往把女人视为灾祸。在荷马史诗中，海伦私奔导致了长达十年的特洛伊战争。按照赫西俄德的神话故事，宙斯把女人潘多拉赐给男人乃是为了惩罪和降灾。阿耳戈的英雄伊阿宋祈愿人类有别的方法生育，使男人得以摆脱女人的祸害。古希腊诗人希波纳克斯在一首诗里刻毒地写道：女人只能带给男人两天快活，"第一天是娶她时，第二天是葬她时。"

倘若希腊男人不是对女人充满了欲望，并且惊恐于这欲望，女人如何成其为灾祸呢？

不过，希腊男人能为女人拿起武器，也能为女人放下武器。在阿里斯托芬的一个剧本中，雅典女人讨厌丈夫们与斯巴达人战火不断，一致拒绝同房，并且说服斯巴达女人照办，结果奇迹般地平息了战争。

我们的老祖宗也把女人说成是祸水，区别在于，女人使希腊人亢奋，大动干戈，却使我们的殷纣王、唐明皇们萎靡，国破家亡。其中的缘由，想必不该是女人素质不同罢。

三

女性蔑视者只把女人当作欲望的对象。他们或者如叔本华，终身不恋爱不结婚，但光顾妓院，或者如拜伦、莫泊桑，一生风流韵事不断，但绝不真正堕入情网。

叔本华说："女性的美只存在于男人的性欲冲动之中。"他要男人不被性欲蒙蔽，能禁欲就更好。

拜伦简直是一副帝王派头："我喜欢土耳其对女人的做法：拍一下手，'把她们带进来！'又拍一下手，'把她们带出去！'"女人只为供他泄欲而存在。

女人好像不在乎男人蔑视她，否则拜伦、莫泊桑身边就不会美女如云了。虚荣心（或曰纯洁的心灵）使她仰慕男人的成功（或曰才华），本能又使她期待男人性欲的旺盛。一个好色的才子使她获得双重的满足，于是对她就有了双重的吸引力。

但好色者未必蔑视女性。有一个意大利登徒子如此说："女人是一本书，她们时常有一张引人的扉页。但是，如果你想享受，必须揭开来仔细读下去。"他对赐他以享受的女人至少怀着欣赏和感激之情。

女性蔑视者往往是悲观主义者，他的肉体和灵魂是分裂的，肉体需要女人，灵魂却已离弃尘世，无家可归。由于他只带着肉体去女人那里，所以在女人那里也只看到肉体。对于他，女人是供他的肉体堕落的地狱。女性崇拜者则是理想主义者，他透过升华的欲望看女人，在女人身上找到了尘世的天国。对于一般男人来说，女人就是尘世和家园。凡不爱女人的男人，必定也不爱人生，只用色情眼光看女人，近于无耻。但身为男人，看女人的眼光就不可能完全不含色情。我想不出在滤尽色情的中性男人眼里，女人该是什么样子。

四

"你去女人那里吗？别忘了你的鞭子！"——《查拉图斯特拉如是说》中的这句恶毒的话，使尼采成了有史以来最臭名昭著的女性蔑视者，世世代代的女人都不能原谅他。

然而，在该书的"老妇与少妇"一节里，这句话并非出自代表尼采的查拉图斯特拉之口，而是出自一个老妇之口，这老妇如此向查氏传授对付少妇的诀窍。

是衰老者嫉妒青春，还是过来人的经验之谈？

尼采自己到女人那里去时，带的不是鞭子，而是"致命的羞怯"，乃至于谈不成恋爱，只好独身。

代表尼采的查拉图斯特拉是如何谈女人的呢？

"当女人爱时，男人当知畏惧：因为这时她牺牲一切，别的一切她都认为毫无价值。"

尼采知道女人爱得热烈和认真。

"女人心中的一切都是一个谜，谜底叫作怀孕。男人对于女人是一种手段，目的总在孩子。"

尼采知道母性是女人最深的天性。

他还说："真正的男人是战士和孩子，作为战士，他渴求冒险；作为孩子，他渴求游戏。因此他喜欢女人，犹如喜欢一种'最危险的玩物'。"

把女人当作玩物，不是十足的蔑视吗？可是，尼采显然不是只指肉欲，更多是指与女人恋爱的精神乐趣，男人从中获得了冒险欲和游戏欲的双重满足。

人们常把叔本华和尼采并列为蔑视女人的典型。其实，和叔本华相比，尼采是更懂得女人的。如果说他也蔑视女人，他在蔑视中仍带着爱慕和向往。叔本华根本不可能恋爱，尼采能，可惜的是运气不好。

五

有一回，几个朋友在一起谈女人，托尔斯泰静听良久，突然说："等我一只脚踏进坟墓时，再说出关于女人的真话，说完立即跳到棺材里，砰一声把盖碰上。来捉我吧！"据在场的高尔基说，当时他的眼光又调皮，又可怕，使大家沉默了好一会儿。

还有一回，有个德国人编一本名家谈婚姻的书，向萧伯纳约稿，萧回信说："凡人在其太太未死时，没有能老实说出他对婚姻的意见的。"这是俏皮话，但俏皮中有真实，包括萧伯纳本人的真实。

一个要自己临终前说，一个要太太去世后说，可见说出的绝不是什么好话了。

不过，其间又有区别。自己临终前说，说出的多半是得罪一切女性的冒天下大不韪之言。太太去世后说，说出的必定是不利于太太的非礼的话了。有趣的是，托尔斯泰年轻时极放荡，一个放荡男人不能让天下女子知道他对女人的真实想法；萧伯纳一生恪守规矩，一个规矩的丈夫不能让太太知道他对婚姻的老实意见。那么,一个男人要对女性保有美好的感想,他的生活是否应该在放荡与规矩之间,不能太放荡,也不该太规矩呢?

六

亚里士多德把女性定义为残缺不全的性别,这个谬见流传甚久,但在生理学发展的近代,是越来越不能成立了。近代的女性蔑视者便转而断言女人在精神上发育不全,只停留在感性阶段,未上升到理性阶段,所以显得幼稚、浅薄、愚蠢。叔本华不必提了,连济慈这位英年早逝的诗人也不屑地说:"我觉得女人都像小孩,我宁愿给她们每人一颗糖果,也不愿把时间花在她们身上。"

然而,正是同样的特质,却被另一些男人视为珍宝。如席勒所说,女人最大的魅力就在于天性纯正。一个女人愈是赋有活泼的直觉,未受污染的感性,就愈具女性智慧的魅力。

理性绝非衡量智慧的唯一尺度,依我看也不是最高尺度。叔本华引用沙弗茨伯利的话说:"女人仅为男性的弱点和愚蠢而存在,却和男人的理性毫无关系。"照他们的意思,莫非要女人也具备发达的逻辑思维,可以来和男人讨论复杂的哲学问题,才算得上聪明?我可没有这么蠢!真遇见这样热衷于抽象推理的女人,我是要躲开的。我同意瓦莱里定的标准:"聪明女子是这样一种女性,和她在一起时,你想要多蠢就可以多蠢。"我去女人那里,是为了让自己的理性休息,可以随心所欲地蠢一下,放心从她的感性获得享受和启发。一个不能使男人感到轻松的女人,即使她是聪明的,至少她做得很蠢。

女人比男人更属于大地。一个男人若终身未受女人熏陶,他的灵魂便是一颗飘荡天外的孤魂。惠特曼很懂得这个道理,所以他对女人说:"你们是肉体的大门,你们也是灵魂的大门。"当然,这大门是通向人间而不是通向虚无缥缈的天国的。

七

男人常常责备女人虚荣。女人的确虚荣,她爱打扮,讲排场,喜欢当沙龙女主人。叔本华为此瞧不起女人。他承认男人也有男人的虚荣,不过,在他看来,女人是低级虚荣,只注重美貌、虚饰、浮华等物质方面,男人是高级虚荣,倾心于知识、才华、勇气等精神方面。反正是男优女劣。

同一个现象,到了英国作家托马斯·萨斯笔下,却是替女人叫屈了:"男人们多么讨厌妻子购买衣服和零星饰物时的长久等待;而女人们又多么讨厌丈夫购买名声和荣誉时的无尽等待——这种等待往往耗费了她们大半生的光阴!"

男人和女人,各有各的虚荣。世上也有一心想出名的女人,许多男人也很关心自己的外表。不过,一般而论,男人更渴望名声,炫耀权力,女人更追求美貌，炫耀服饰，似乎正应了叔本华的话，其间有精神和物质的高下之分。但是，换个角度看，这岂不恰好表明女人的虚荣仅是表面的，男人的虚荣却是实质性的？女人的虚荣不过是一条裙子，一个发型，一场舞会，她对待整个人生并不虚荣，在家庭、儿女、婚丧等大事上抱着相当实际的态度。男人虚荣起来可不得了，他要征服世界，扬名四海，流芳百世，为此不惜牺牲掉一生的好光阴。

当然，男人和女人的虚荣又不是彼此孤立的，他们实际上在互相鼓励。男人以娶美女为荣，女人以嫁名流为荣，各自的虚荣助长了对方的虚荣。如果没有异性的目光注视着，女人们就不会这么醉心于时装，男人们追求名声的劲头也要大减了。

虚荣难免，有一点无妨，还可以给人生增添色彩，但要适可而止。为了让一个心爱的女人高兴，我将努力去争取成功。然而，假如我失败了，或者我看穿了名声的虚妄而自甘淡泊，她仍然理解我，她在我眼中就更加可敬了。男人和女人之间，毕竟有比名声或美貌更本质更长久的东西存在着。

八

莎士比亚借哈姆雷特之口叹道："软弱，你的名字是女人！"他是指女人经不住诱惑。女人误解了这话，每每顾影自怜起来，愈发觉得自己弱不禁风，不堪一击。可是，我们看到女人在多数场合比男人更能适应环境，更经得住灾难的打击。这倒不是说女人比男人刚强，毋宁说，女人柔弱，但柔者有韧性，男人刚强，但刚者易摧折。大自然是公正的，不教某一性别占尽风流，它又是巧妙的，处处让男女两性互补。

在男人眼里，女人的一点儿软弱时常显得楚楚动人。有人说俏皮话："当女人的美眸被泪水蒙住时，看不清楚的是男人。"一个女人向伏尔泰透露同性的秘密："女人在用软弱武装自己时最强大。"但是，不能说女人的软弱都是装出来的，她不过是巧妙地利用了自己固有的软弱罢了。女人的软弱，说到底，就是渴望有人爱她，她比男人更不能忍受孤独。对于这一点儿软弱，男人倒是乐意成全。但是，超乎此，软弱到不肯自立的地步，多数男人是要逃跑的。

如果说男人喜欢女人弱中有强，那么，女人则喜欢男人强中有弱。女人本能地受强有力的男子吸引，但她并不希望这男子在她面前永远强有力。一个窝囊废的软弱是可厌的，一个男子汉的软弱却是可爱的。正像罗曼·罗兰所说："在女人眼里，男人的力遭摧折是特别令人感动的。"她最骄傲的事情是亲手包扎她所崇拜的英雄的伤口，亲自抚慰她所爱的强者的弱点。这时候，不但她的虚荣和软弱，而且她的优点——她的母性本能，也得到了满足。母性是女人天性中最坚韧的力量，这种力量一旦被唤醒，世上就没有她承受不了的苦难。

1992.5

能使男人受孕的女人

这个题目是从萨尔勃（L.Salber）所著莎乐美（Lou Salome）传中的一段评语概括而来，徐菲在《一个非凡女人的一生：莎乐美》中引用了此段话。不过，现在我以之为标题，她也许会不以为然。徐菲是一位旗帜鲜明的女性主义者，她对文化史上诸多杰出女性情有独钟，愤慨于她们之被"他的故事"遮蔽，决心要还她们以"她的故事"的本来面貌，于是我们读到了由她主编的"永恒的女性"丛书，其中包括她自己执笔的《莎乐美》这本书。

我承认，我知道莎乐美其人，一开始的确是通过若干个"他的故事"。在尼采的故事中，她正值青春妙龄，天赋卓绝，使这位比她年长18岁的孤独的哲学家一生中唯一一次真正堕入了情网。在里尔克的故事中，她年届中年，魅力不减，仍令这位比她小15岁的诗人爱得如痴如醉。在弗洛伊德的故事中，她以知天命之年拜师门下，其业绩令这位比她年长6岁的大师刮目相看，誉为精神分析学派的巨大荣幸。单凭与这三位天才的特殊交往，莎乐美的名字在我的心中就已足够辉煌了。所以，当我翻开这第一本用汉语出版的莎乐美传记时，不由得兴味盎然。

莎乐美无疑极具女性的魅力，因而使许多遇见她的男子神魂颠倒。但是，与一般漂亮风流女子的区别在于，她还是一个对于精神事物具有非凡理解力的女人。正因为此,她便能够使得像尼采和里尔克这样的天才男人在精神上受孕。尼采对她的不成功的热恋只维持了半年,两人终于不欢而散。然而,对于尼采来说,与一个"智性和趣味深相沟通"(尼采语)的可爱女子亲密相处的经验是非同寻常的。这个孩子般天真的姑娘一眼就看到了他的深不可测的孤独,他心中的阴暗的土牢和秘密的地窖,同时却又懂得欣赏他的近于女性的温柔和优雅的风度。莎乐美后来在一部专著中这样评论尼采:"他的全部经历都是一种如此深刻的内在经历","不再有另一个人,外在的精神作品与内在的生命图像如此完整地融为一体。"虽然这部专著发表时尼采已患精神病,因而不能阅读了,可是,其中所贯穿着的对他的理解想必是他早已领略过且为之怦然心动的。如果说他生平所得到的最深刻理解竟来自一个异性,这使他感受到了胜似交欢的极乐,那么,最后所备尝的失恋的痛苦则几乎立即就转变成了产前的阵痛,在被爱情和人寰遗弃的彻底孤独中,一部最奇特的作品《查拉图斯特拉如是说》脱胎而出了。

里尔克的情形有很大不同。与里尔克相遇时,莎乐美已是一个成熟的妇人,她便把这成熟也带给了初出茅庐的诗人。同为知音,在尼采那里,她是学生辈,在里尔克这里,她是老师辈了。她与里尔克延续了3年的情人关系,友谊则保持终身,直到诗人去世。从年龄看,他们的情人关系几近于乱伦,但她自己对此有一个合理的解释,说他们是"乱伦还不算是犯下渎神罪的世纪前的兄弟姐妹"。在某种意义上,她对里尔克在精神上的关系也像是一位年长的性爱教师,她帮助他克服感情上的夸张，与他一起烧毁早期那些矫揉造作的诗，带领他游历世界和贴近生活，引导他走向事物的本质和诗的真实。里尔克自己说，正是在莎乐美的指引下，他变得成熟，学会了表达质朴的东西。如果没有莎乐美，尼采肯定仍然是一个大哲学家，但里尔克能否成长为二十世纪最优秀的德语诗人就不好说了。

我们也许要问，莎乐美对尼采和里尔克如此心有灵犀，为何却始则断然拒绝了尼采的求爱，继而冷静地离开了始终依恋她的里尔克？作者在引言中有一句评语，我觉得颇为中肯："莎乐美对男人们经久不衰的魅力在于：她懂得怎样去理解他们，同时又保持自己的独立性。"心灵相通，在实际生活中又保持距离，的确最能使彼此的吸引力耐久。当然，莎乐美这样做不是故意要吊男人们的胃口，而是她自己也不肯受任何一个男人支配。一位同时代人曾把她的独立不羁的个性喻为一种自然力，一道急流，汹涌向前，不问结果是凶是吉。想必她对自己的天性是有所了解的，因此，在处理婚爱问题时反倒显得相当明智。她的婚姻极其稳定，长达 43 年之久，直到她的丈夫去世，只因为这位丈夫完全不干涉她的任何自由。她一生中最持久的性爱伴侣也不是什么哲学家或艺术家，而是一个待人宽厚的医生。不难想象，敏感如尼采和里尔克，诚然欣赏她的特立独行，但若长期朝夕厮守，这同样的个性就必定会成为一种伤害。两个独特的个性最能互相激励，却最难在一起过日子。所以，莎乐美之离开尼采和里尔克，何尝不也是在替他们考虑。

写到这里，我发现自己已难逃男性偏见之讥。在作者所叙述的"她的故事"之中，我津津乐道的怎么仍旧是与"他的故事"纠缠在一起的"她"呢？让我赶快补充说，莎乐美不但能使男人受孕，而且自己也是一个多产的作家，写过许多小说和论著。她有两部长篇小说的主人公分别以尼采（《为上帝而战》）和里尔克（《屋子》）为原型，她的论著的主题先后是易卜生、尼采、里尔克、弗洛伊德的思想或艺术 唉，又是这些男人！看来这是没有办法的：男人和女人互相是故事，我们不可能读到纯粹的"他的故事"或"她的故事"，人世间说不完的永远是"她和他的故事"。我非常赞赏作者所引述的莎乐美对两性的看法：两性有着不同的生活形式，要辨别何种形式更有价值是无聊的，两性的差异本身就是价值，借此才能把生活推进到最高层次。我相信，虽然莎乐美的哲学和文学成就肯定比不上尼采和里尔克，但是，莎乐美一生的精彩却不亚于他们。我相信，无须用女性主义眼光改写历史，我们仍可对历史上的许多杰出女性深怀敬意。这套丛书以歌德的诗句命名是发人深省的。在《浮士德》中，"永恒的女性"不是指一个女人，甚至也不是指一个性别。细读德文原著可知，歌德的意思是说，"永恒的"与"女性的"乃同义语，在我们所追求的永恒之境界中，无物消逝，一切既神秘又实在，恰似女性一般圆融。也就是说，正像男人和女人的肉体不分性别都孕育于子宫一样，男人和女人的灵魂也不分性别都向往着天母之怀抱。女性的伟大是包容万物的，与之相比，形形色色的性别之争不过是一些好笑的人间喜剧罢了。

2000.1

我对女性只有深深的感恩

歌德是一个大文豪，也是一个大情种，一生中恋爱不断，在女人身上享尽了艳福，也吃足了苦头，获得了大量灵感，也吸取了许多教训。老天赋予他一个情欲饱满的身体和一颗易感的心，使他一走近女人就春心荡漾，热血沸腾。不过，最后成就的不是一个普通的登徒子，而是一个伟大的诗人。他的天才使他能够把从女人身上得到的全部快乐和痛苦都酿成艺术的酒，他的超乎常人的强大理性又使他能够及时地从每一次艳遇、热恋、失恋、单恋中拔出身来，不在情欲之海中灭顶，反而把这一切经历用作认识的材料。认识什么？认识世界和人生，也认识女性。回过头去看，他所迷恋的那一个个具体的女人都是他的老师，他在她们身边度过的那些要死要活的日子都是他的功课，他经由她们学习这门叫作女性的课程。最后，这个勤奋的学生在八十二岁的时候终于交出了毕业答卷，就是诗剧《浮士德》第二部的结束语："永恒之女性，引我们上升。"

在我看来，这句话也是歌德一世风流的结束语，是他的女性观的总结。从这句话中，我读出的是他对女性的深深的感恩，与女人之间的所有情感纠葛，一生的爱的纷乱，都在这感恩之中平静下来了。恋爱是短暂的，与每一个女人的肌肤之亲是短暂的，然而，女性是永恒的。这永恒的女性化身为青春少女，引我们迷恋可爱的人生，化身为妻子，引我们执着于平凡的人生，又化身为母亲，引我们包容苦难的人生。在这永恒的女性引导下，人类世代延续，生生不息，不断唱响生命的凯歌。

当然，我不是歌德，没有他的天才，也没有他的丰富的阅历。但是，身为男人，我也喜欢女人，也由自己的经历体会和认识女人，而最后的心情也和歌德一样，我对女性只有深深的感恩。男女恩怨，一切怨都会消逝，女性给人生、给世界的恩却将永存。我相信，不但我，一切懂得算总账的男人，都会是这样的心情。希腊神话里的英雄伊阿宋因为美狄亚的复仇而怨恨全部女性，祈愿人类有别的方法生育，使男人可以彻底摆脱女人。我倒希望上天成全他的祈愿，给像他这样的男人另造一个没有女人的世界，让他们去享受无性繁殖的幸福。至于我自己，我无比热爱眼前这个充满着女性魅惑和女性恩惠的世界，无论给我什么报偿，我都绝不肯去伊阿宋的理想世界里待上哪怕一天。

2006.8

人生寓言三则

一、哲学家和他的妻子

哲学家爱流浪,他的妻子爱定居。不过,她更爱丈夫,所以毫无怨言地跟随哲学家浪迹天涯。每到一地,找到了临时住所,她就立刻精心布置,仿佛这是一个永久的家。

"住这里是暂时的,凑合过吧!"哲学家不以为然地说。

她朝丈夫笑笑,并不停下手中的活。不多会儿,哲学家已经舒坦地把身子埋进妻子刚安放停当的沙发里,吸着烟,沉思严肃的人生问题了。

我忍不住打断哲学家的沉思,说道:"尊敬的先生,别想了,凑合过吧,因为你在这世界上的居住也是暂时的!"

可是,哲学家的妻子此刻正幸福地望着丈夫,心里想:"他多么伟大呵……"

二、潘多拉的盒子

宙斯得知普罗米修斯把天上的火种偷给了人类,怒不可遏,决定惩罚人类。他下令将女人潘多拉送到人间,并让她随身携带一只密封的盒子作为嫁妆。

我相信新婚之夜发生的事情十分平常。潘多拉受好奇心的驱使，打开了那只盒子，发现里面空无一物，又把它关上了。

可是，男人们却对此传说纷纭。他们说，那天潘多拉打开盒子时，从盒子里飞出许多东西，她赶紧关上，盒子里只剩下了一样东西。他们一致认为那剩下的东西是希望。至于从盒子里飞出了什么东西，他们至今还在争论不休。

有的说：从盒子里飞出的全是灾祸，它们洒遍人间，幸亏希望留在我们手中，使我们还能忍受这不幸的人生。

有的说：从盒子里飞出的全是幸福，它们逃之夭夭，留在我们手中的希望只是空洞骗人的幻影。

宙斯在天上听到男人们悲观的议论，得意地笑了，他的惩罚已经如愿实施。

天真的潘多拉听不懂男人们的争论，她兀自想道：男人真讨厌，他们对于我的空盒子说了这么多深奥的话，竟没有人想到去买些首饰和化妆品来把它充实。

三、姑娘和诗人

一个姑娘爱上了一个诗人。姑娘富于时代气息，所以很快就委身于诗人了。诗人以讴歌女性和爱情闻名于世，然而奇怪，姑娘始终不曾听到他向她表白爱情。有一天,她终于问他:"你爱我吗?"

他沉默了一会儿,答道:

"这个问题,或者是不需要问的,或者是不应该问的。"

姑娘黯然了。不久后,诗人收到她寄来的绝交信,只有一句话:

"你的那些诗,或者是不需要写的,或者是不应该写的。"

但诗人照旧写他的爱情诗,于是继续有姑娘来向他提出同一个问题。

1988.11-1991.7

原罪的故事

读《旧约》中人类原罪的故事，我读出了下面几个道理：

其一，上帝禁止我们的祖先吃智慧果的理由是："免得你们死。"蛇诱惑他们吃智慧果的理由是："你们不一定死，因为上帝知道，在你们吃下这些果子那天，眼睛就会明亮，你们便和上帝一样知善恶。"撒谎的是谁呢？显然是上帝。因为的确"不一定死"，亚当和夏娃在吃了智慧果以后接着再吃生命树上的果子，但是上帝不许，便把他们赶出了伊甸园。而蛇则说了实话，吃下了智慧果以后，亚当和夏娃确实心明眼亮了。

其二，夏娃首先接受了蛇的诱惑，吃下智慧果，然后又拿给她的丈夫吃。历来人们都以此证明女人比男人更容易受诱惑，天性更堕落，对于男人是祸根。可是这个故事告诉我们的明明是，女人比男人更早慧，而男人是在女人的帮助下才获得智慧的。

其三，吃了智慧果以后，亚当和夏娃的第一个发现是对裸体害羞。由此可见，智慧的觉醒与性觉醒是密切相关的。在人类文化的发展中，性的羞耻心始终扮演着一个重要的角色。性的羞耻心不只意味着禁忌和掩饰，它更来自对于差异的敏感、兴奋和好奇。在个体发育中，性的羞耻心的萌发是与个人心灵生活的丰富化过程微妙地交织在一起的。

2000.6

可持续的快乐

如果一个年轻女性来问我,青春不能错过什么,要我举出十件必须做的事,我大约会这样列举:

一、至少恋爱一次,最多两次。一次也没有,未免辜负了青春。但真恋爱不容易,超过两次,就有赝品之嫌。

二、交若干好朋友,可以是闺中密友,也可以是异性知音。

三、学会烹调,能烧几样好菜。重要的不是手艺本身,而是从中体会日常生活的情趣。

四、每年小旅行一次,隔几年大旅行一次,增长见识,拓宽胸怀。

五、锻炼身体,最好有一种自己喜欢、能够持之以恒的体育项目。

六、争取受良好的教育,精通一门专业知识或技能,掌握足以维持生存的看家本领。尽量按照自己的兴趣选择职业。如果做不到,就以敬业精神对待本职工作,同时在业余发展自己的兴趣。

七、养成高品位的读书爱好,读一批好书,找到属于自己的书中知己。

八、喜欢至少一种艺术,音乐、舞蹈、绘画都行,可以自己创作和参与,也可以只是欣赏。

九、养成写日记的习惯。它可以帮助你学会享受孤独,在孤独中与自己谈心。

十、经历一次较大的挫折而不被打败。只要不被打败，你就会变得比过去强大许多倍。不经历这么一回，你不会知道自己其实多么有力量。

开完这个单子，我再来说一说我的指导思想。我的指导思想很简单，第一条是快乐。青春是人生中生命力最旺盛的时期，快乐是天经地义。我最讨厌那种说教，什么"少壮不努力，老大徒悲伤"，什么"吃得苦中苦，方为人上人"，仿佛青春的全部价值就在于为将来的成功而苦苦奋斗。在所有的人生模式中，为了未来而牺牲现在是最坏的一种，它把幸福永远向后推延，实际上是取消了幸福。人只有一个青春期，要享受青春，也只能是在青春期。有一些享受，过了青春期诚然还可以有，但滋味是不一样的。譬如说，人到中老年仍然可以恋爱，但终归减少了新鲜感和激情。同样是旅行，以青春期的好奇、敏感和精力充沛，也能取得中老年不易有的收获。依我看，"少壮不享乐，老大徒懊丧"至少也是成立的。倘若一个人在年轻时并非因为生活所迫而只知吃苦，拒绝享受，到年老力衰时即使成了人上人，却丧失了享受的能力，那又有什么意思呢。尤其是女性，我衷心希望她们有一个快乐的青春，否则这个世界也不会快乐。

但是，快乐不应该是单一的，短暂的，完全依赖外部条件的，而应该是丰富的，持久的，能够靠自己创造的，否则结果仍是不快乐。所以，我的第二条指导思想是可持续的快乐。这是套用可持续的发展一语，用在这里正合适。青春终究会消逝，如果只是及时行乐，毫不为今后考虑，倒真会"老大徒悲伤"了。为今后考虑，一方面是实际的考虑，例如要有真本事，要有健康的身体，等等。另一方面，更重要的是，要使快乐本身不但是快乐，而且具有生长的能力，能够生成新的更多的快乐。我所列举的多数事情都属于此类，它们实际上是一些精神性质的快乐。青春是心智最活泼的时期，也是心智趋于定型的时期。在这个时期，一个人倘若能够通过读书、思考、艺术、写作等充分领略心灵的快乐，形成一个丰富的内心世界，他在自己的身上就拥有了一个永不枯竭的快乐源泉。这个源泉将泽被整个人生，使他即使在艰难困苦之中仍拥有人类最高级的快乐。在我看来，这是一个人可能在青春期获得的最重大成就。当然，女性同样如此。如果我不这样看，我就是歧视女性。如果哪个女性不这样看，她就未免太自卑了。

2003.11

男子汉形象

做什么样的男人？

我从来不考虑这种问题。我心目中从来没有一个指导和规范我的所谓男子汉形象。我只做我自己。我爱写作，我只考虑怎样好好写我想写的作品。我爱女人，我只考虑怎样好好爱那一个与我共命运的好女人。这便是我作为男人所考虑的全部问题。

据说每个时代都有一种具有时代特色的男子汉形象。在我看来，如果这不是平庸记者和无聊文人的杜撰，那也只是女中学生的幼稚想象。事实上，好男人是可以有非常不同的个性和形象的。如果一定要我提出一个标准，那么，我只能说，他们的共同特点是对人生、包括对爱情有一种根本的严肃性。不过，这与时代无关。

人在社会上生活，不免要担任各种角色。但是，倘若角色意识过于强烈，我敢断言一定出了问题。一个人把他所担任的角色看得比他的本来面目更重要，无论如何暴露了一种内在的空虚。我不喜欢和一切角色意识太强烈的人打交道，例如名人意识强烈的名流，权威意识强烈的学者，长官意识强烈的上司等，那会使我感到太累。我不相信他们自己不累，因为这类人往往也摆脱不掉别的角色感，在儿女面前会端起父亲的架子，在自己的上司面前要表现下属的谦恭，就像永不卸妆的演员一样。

人之扮演一定的社会角色也许是迫不得已的事，依我的性情，能卸妆时且卸妆，要尽可能自然地生活。两性关系原是人的最自然的生活领域，如果在这个领域里，男人和女人仍以强烈的角色意识相对峙和相要求，人生就真是累到家了。假如我是女人，反正我是不会喜欢和刻意营造男子汉形象的男人一起生活的。

今天有一个怪现象：男人们忽然纷纷作沉重状，作委屈状，作顾影自怜状，向女人和社会恳求更多的关爱了。之所以出现这种现象，是因为他们感觉到了当今社会严酷的生存压力的挑战。然而，在事实上，这种压力是男女两性共同面临的，并非只施于男性头上。我认为今天的社会在总体上不存在男性压迫女性或女性压迫男性的情况，已经基本上实现了两性之间的社会平等。在此前提下，性别冲突是一个必须个案分析和解决的问题。在每一对配偶中，究竟是男人还是女人承受了更大的压力，不可一概而论。我怀疑无论是那些愤怒声讨男性压迫的女权主义者，还是那些沉痛呼喊男性解放的男权主义者，都是在同一架风车作战，这架风车的名字叫作——男子汉形象。按照某种仿佛公认的模式，它基本上是两性对比中的强者形象。这个模式令一些好强而争胜的女人愤愤不平，又令一些好强而不甘示弱的男人力不从心。那么，何不抛开这个模式，男人和女人携起手来，肩并肩共同应付艰难生活的挑战呢？

1997.2

关于好男人

怎样的男人是好男人？对于这个问题，男人很难说出什么，说出了也是不算数的。因为这个问题实际上是问：在女人眼里，怎样的男人是理想的情侣或理想的丈夫？男人好不好，当然得让女人来说，女人说了才算数。一个男人即使名垂青史，可是，如果他不令女人满意，你就只能说他是一个伟人，不能说他是一个好男人。也就是说，评论一个男人是不是好男人，被评论的是他的性别角色，而非他的别种社会角色，评判权只能属于另一个性别。

所以，当男人面对这个问题时，他就只能凭借经验或想象来揣摩女人的想法，努力用女人的眼光来审视自己的性别。在他这样做时，他当然不可避免地会带入自己的偏见。譬如说，如果他自许甚高，却在情场不得志，在婚姻中不如意，他就会批判和试图纠正女人的眼光，劝说女人接受自己的形象。不过，在这种情形下，前提仍是承认女性眼光的权威性。离开女性眼光而评说男人的好坏，乃是毫无意义的。

因此之故，一个男人谈论什么是好男人，他实际上是在谈论自己对女人的理解，在谈论女人需要或应该需要什么，女人怎样才幸福，等等。但是，在这方面，女人何尝是一律的？相同的东西当然是有的。例如，一般而言，女人都渴望爱情的满足，所以，好男人应该是那种感情深沉而又细腻、爱得热烈而又专一的男人；女人希望生活得轻松而富有情趣，所以，好男人应该有力、丰富、宽容、幽默。然而，这一切不过是老生常谈。我觉得，男人评论好女人或者女人评论好男人都是正常的，那是在表达自己对于异性的经验、态度和期望，男人评论好男人却是奇怪的，其内容如果不是对女性心理的揣摩，就只能是变相的自我表白。

可是，既然广州的《希望》杂志把这个问题提到了我的面前，那么，我好像应该不避空话和自白之嫌，来做一个回答。对于男人来说，现代社会是一个既充满压力又充满诱惑的社会。我们确实看到，有一些男人承受不了压力，萎靡不振了，还有一些男人经受不住诱惑，腐化堕落了。与这两类男人一起生活，女人都不会幸福。比较起来，女人容易本能地躲开前一类男人，却难以摆脱与后一类男人的纠缠。在现实生活中，所谓成功的男人并不稀少，难觅的是在成功之后仍不变坏的男人。多少男人在成了富翁或名流以后，便不再需要也不再相信任何专一的感情，丧失了对任何一个女人的责任感。所以，如果一个男人在成功之后仍不变坏，依然保持着感情上的认真和两性关系中的责任感，我觉得与他密切相关的女子就可以承认他是一个好男人了。

1997.11

本质的男人

我不善谈男人，正因为我是男人。男人的兴趣和观察总是放在女人身上的。男人不由自主地把女人当作一个性别来评价，他从某个女人那里吃了甜头或苦头，就会迅速上升到抽象的层面，说女性多么可爱或多么可恶。相反，如果他欣赏或者痛恨某个男人，他往往能够个别地对待，一般不会因此对男性这一性别下论断。

男人谈男人还有一种尴尬。如果他赞美男人，当然有自诩之嫌。如果他攻击男人呢，嫌疑就更大了，难道他不会是通过攻击除他之外的一切男人来抬高自己，并且向女人献媚邀宠吗？

所以，我知道自己是在做一件吃力不讨好的事情。为了对付这个难题，我不得不耍一点儿苏格拉底式的小手腕，间接地来接近目标。

男人是什么，或者应该是什么？如果直接问这个问题，也许不易回答。可是，我常常听见人们这样议论他们看不起的男人："某某真不像一个男人！"可见人们对于男人应该怎样是有一个概念的，而问题的答案也就在其中了。什么样的男人会遭人如此小瞧呢？一般有这样一些特点，例如窝囊、怯懦、琐碎。一个窝囊的男人，活在世上一事无成，一个怯懦的男人，面对危难惊慌失措，一个琐碎的男人，眼中尽是鸡毛蒜皮，在所有这些情况下，无论男人女人见了都会觉得他真不像一个男人。

现在答案清楚了。看来，男人应该不窝囊，有奋斗的精神和自立的能力，不怯懦，有坚强的意志和临危不惧的勇气，不琐碎，有开阔的胸怀和眼光。进取，坚毅，大度，这才像一个男人。无论男人女人都会同意这个结论。女人愿意嫁这样的男人，因为这样的男人能够承担责任，靠得住，让她心里踏实。男人愿意和这样的男人来往，因为和这样的男人打交道比较痛快，不婆婆妈妈。

我是否同意这个结论呢？当然同意。我也认为，男人身上应该有一种力量，这种力量使他能够承受人生的压力和挑战，坚定地站立在世界上属于他的那个位置上。人生的本质绝非享乐，而是苦难，是要在无情宇宙的一个小小角落里奏响生命的凯歌。就此而言，男人身上的这种力量正是人生的本质所要求于男人的。因此，我把这种力量看作与人生的本质相对应的男人的本质，而把拥有这种力量的男人称作本质的男人。当我们接触这样的男人时，我们确实会感到接触到了某种本质的东西，不虚不假，实实在在。女人当然也可以是很有力量的，但是，相对而言，我们并不要求女人一定如此。不妨说，女人更加具有现象的特征，她善于给人生营造一种美丽、轻松、快乐的外表。我不认为这样说是对女人的贬低，如果人生的本质直露无遗，而不是展现为丰富多彩的现象，人生未免太可怕也太单调了。

最后我要补充一点：看一个男人是否有力量，不能只看外在的表现。真正的力量是不张扬的。有与世无争的进取，内在的坚毅，质朴无华的大度。同样，也有外强中干的成功人士，色厉内荏的呼风唤雨之辈，铁锱必较的慈善家。不过，鉴别并非难事，只要不被虚荣蒙蔽眼睛，很少有女人会上那种虚张声势的男人的当。

2002.12

女性价值

歌德诗曰:"永恒之女性,引导我们走。"

走向何方?走向一个更实在的人生,一个更人情味的社会。

在《战争与和平》中,托尔斯泰让安德烈和彼尔都爱上娜塔莎,这是意味深长的。娜塔莎,她整个儿是生命,是活力,是"一座小火山"。对于悲观主义者安德列来说,她是抗衡悲观的欢乐的生命。对于空想家彼尔来说,她是抗衡空想的实在的生活。男人最容易患的病是悲观和空想,因而他最期待于女人的是欢乐而实在的生命。

男人喜欢上天入地,天上太玄虚,地下太阴郁,女人便把他拉回到地面上来。女人使人生更实在,也更轻松了。

女人是人类的感官,具有感官的全部盲目性和原始性。只要她们不是自卑地一心要克服自己的"弱点",她们就能成为抵抗这个世界理性化即贫乏化的力量。

我相信,有两样东西由于与自然一脉相通,因而可以避免染上时代的疾患,这就是艺术和女人。好的女人如同好的艺术一样属于永恒的自然，都是非时代的。

也许有人要反驳说，女人岂非比男人更喜欢赶时髦？但这是表面的，女人多半只在装饰上赶时髦，男人却容易全身心投入时代的潮流。

女人推进艺术，未必要靠亲自创作。世上有一些艺术直觉极敏锐的奇女子，她们像星星一样闪烁在艺术大师的天空中。

女人的聪明在于能欣赏男人的聪明。

男人是孤独的，在孤独中创造文化。女人是合群的，在合群中传播文化。

也许，男人是没救的。一个好女人并不自以为能够拯救男人，她只是用歌声、笑容和眼泪来安慰男人。她的爱鼓励男人自救，或者，坦然走向毁灭。

女人作为整体是浑厚的，所以诗人把她们喻为土地。但个别的女人未必浑厚。

在事关儿子幸福的问题上，母亲往往比儿子自己有更正确的认识。倘若普天下的儿子们都记住母亲真正的心愿，不是用野心和荣华，而是用爱心和平凡的家庭乐趣报答母爱，世界和平就有了保障。

母爱是一个永恒的话题。对于每一个正常成长的人来说,"母亲"这个词意味着孕育的耐心,抚养的艰辛,不求回报的爱心。然而,要深切体会母爱的分量,是需要有相当阅历的。在年少时,我们往往心安理得地享受着母亲的关爱,因为来得容易也就视为当然。直到饱经了人间的风霜,或者自己也做了父母,母亲的慈爱形象在我们心中才变得具体、丰满而伟大。

女性魅力

真正的女性智慧也具一种大器，而非琐屑的小聪明。智慧的女子必有大家风度。

我对女人的要求与对艺术一样：自然，质朴，不雕琢，不做作。对男人也是这样。

女性温柔，男性刚强。但是，只要是自然而然，刚强在女人身上，温柔在男人身上，都不失为美。

在男人心目中，那种既痴情又知趣的女人才是理想的情人。痴情，他得到了爱。知趣，他得到了自由。可见男人多么自私。

美自视甚高，漂亮女子往往矜持。美不甘寂寞，漂亮女子往往风流。这两种因素相混合又相制约，即成魅力。

在风情女子对男人的态度里，往往混合了羞怯和大胆。羞怯来自对异性的高度敏感，大胆来自对异性的浓烈兴趣，二者形异而质同。她躲避着又挑逗着，拒绝着又应允着，相反的态度搭配出了风情的效果。如果这出于自然，是可爱的；如果成为一种技巧，就令人厌恶了。

　　男人期待于女人的并非她是一位艺术家，而是她本身是一件艺术品。她会不会写诗无所谓，只要她自己就是大自然创造的一首充满灵感的诗。
　　当然，女诗人和女权主义者听到这意见是要愤慨的。

　　女人很少悲观，也许会忧郁，但更多的是烦恼。最好的女人一样也不。快乐地生活，一边陶醉，一边自嘲，我欣赏女人的这种韵致。

　　我要躲开两种人：浅薄的哲学家和深刻的女人。前者大谈幸福，后者大谈痛苦，都叫我受不了。

　　当一位忧郁的女子说出一句极轻松的俏皮话，或者，当一位天真的女子说出一个极悲观的人生哲理，我怎么能再忘记这话语，怎么能再忘记这女子呢？强烈的对比，使我同时记住了话和人。
　　而且，我会觉得这女子百倍地值得爱了。在忧郁背后发现了生命的活力，在天真背后发现了生命的苦恼，我惊叹了：这就是丰富，这就是深刻！

女性心理

女子乍有了心上人，心情极缠绵曲折：思念中夹着怨嗔，急切中夹着羞怯，甜蜜中夹着苦恼。一般男子很难体察其中奥秘，因为缺乏细心，或者耐心。

有时候，女人的犹豫乃至抗拒是一种期望，期望你来攻破她的堡垒。当然，前提是"意思儿真，心肠儿顺"，她的确爱上了你。她不肯投降，是因为她盼望你作为英雄去辉煌地征服她，把她变成你的光荣的战俘。

有人说，女人所寻求的只是爱情、金钱和虚荣。其实，三样东西可以合并为一样：虚荣。因为，爱情的满足在于向人夸耀丈夫，金钱的满足在于向人夸耀服饰。

当然，这里说的仅是一部分女人。但她们并不坏。

一种女人把男人当作养料来喂她的虚荣，另一种女人把她的虚荣当作养料来喂男人。

对于男人来说，女人的虚荣并非一回事。

一种女人向人展示痛苦只是为了寻求同情，另一种女人向人展示痛苦却是为了进行诱惑。对于后者，痛苦是一种装饰。

女人的肉体和精神是交融在一起的，她的肉欲完全受情感支配，她的精神又带着浓烈的肉体气息。女人之爱文学，是她的爱情的一种方式。她最喜欢的作家，往往是她心目中理想配偶的一个标本。

在男人那里，肉体与精神可以分离得比较远。

自古多痴情女，薄情郎。但女人未必都是弱者，有的女人是用软弱武装起来的强者。

好女人也善于保护自己，但不是靠世故，而是靠灵性。她有正确的直觉，这正确的直觉是她的忠实的人生导师，使她在非其同类面前本能地引起警觉，报以不信任。

按照旧约的传说，女人偷食禁果的第一个收获是知善恶，于是用无花果叶遮住了下体，而生育则是对她偷食禁果的惩罚。在为生育受难时，哪怕最害羞的女人也不会因裸体而害羞了。面对生育的痛苦，羞耻心成了一种太奢侈的感情。此刻她的肉体只是苦难的载体，不复是情欲的对象。

男人与色情

在一个人的哲学思想和他对女人的态度之间，也许有某种联系。例如，理想主义者往往崇拜女性，虚无主义者往往蔑视女性。很难说孰为因，孰为果。两者很可能同是一种更隐秘的因素——例如个人的肉体和心理素质——的结果。

用精神分析的眼光看，早期性经验可能是最重要的根源。例如，叔本华、拜伦的悲观和蔑视女性可追溯到他们与母亲的敌对关系，莫泊桑的蔑视女性则源于屈辱的初恋。

多情和专一未必互相排斥。一个善于欣赏女人的男人，如果他真正爱上了一个女人，那爱是更加饱满而且投入的。

"女人用心灵思考，男人用头脑思考。"
"不对。女人用肉体思考。"
"那么男人呢？"
"男人用女人的肉体思考。"

男人总是看透了集合的女人，又不断受个别的女人魅惑。

拜伦说："谁写诗不是为了取悦女人？"写信何尝不是如此。文采是男人引诱女人的一种方式。

不过，最好的信往往是一个天才男人写给另一个天才男人的。

他常常用一些小零食去讨好女人，而女人也不过是他生活中的一些小零食罢了。

海涅在一首诗里说："我要是克制了邪恶的欲念，那真是一件崇高的事情；可是我要是克制不了，我还有一些无比的欢欣。"

这个原来的痴情少年现在变得多么玩世不恭啊。

你知道相反的情形是什么吗？就是：克制了欲念，感到压抑和吃亏；克制不了，又感到良心不安。

一个男人如果不再痴情，他在男女关系上大体上就只有玩世不恭和麻木不仁这两种选择。

当然，最佳状态是痴情依旧，因而不生邪念，也无须克制了。

第二辑

说两性之间的事情

性之颂

一、性是自然界的一大神秘

在各民族的原始巫术和神话中，性都是主要的崇拜对象。一切宗教秘仪都与性有着不解之缘。对这些现象用迷信一言以蔽之，未免太肤浅。

生物学用染色体的差异解释性别的来由，但它解释不了染色体的差异缘何发生。性始终是自然界的一大神秘。

无论生为男人，还是生为女人，我们都身在这神秘之中。可是，人们却习以为常了。想一想情窦初开的日子吧，那时候我们刚刚发现一个异性世界，心中洋溢着怎样的惊喜啊。而现在，我们尽管经历了男女之间的一些事情，对那根本的神秘何尝有更多的了解。

对于神秘，人只能惊奇和欣赏。一个男人走向一个女人，一个女人走向一个男人，即将发生的不仅是两个人的相遇，而且是两个人各自与神秘的相遇。在一切美好的两性关系中，不管当事人是否意识到，对性的神秘感都占据着重要的位置。没有了这种神秘感，一个人在异性世界里无论怎样如鱼得水，所经历的都只是一些物理事件罢了。

二、灵与肉的奇妙结合

我爱美丽的肉体。然而,使肉体美丽的是灵魂。如果没有灵魂,肉体只是一块物质,它也许匀称,丰满,白皙,但不可能美丽。美从来不是一种纯粹的物理属性,人的美更是如此。当我们看见一个美人时,最吸引我们的是光彩和神韵,而不是颜色和比例。那种徒然长着一张漂亮脸蛋的女人尤其最让男人受不了,由于她们心灵的贫乏,你会觉得她们的漂亮多么空洞,甚至多么愚蠢。

我爱自由的灵魂。然而,灵魂要享受它的自由,必须依靠肉体。如果没有肉体,灵魂只是一个幽灵,它不再能读书,听音乐,看风景,不再能与另一颗灵魂相爱,不再有生命的激情和欢乐,自由对它便毫无意义。因为这个理由,我对宗教所宣称的灵魂不死始终引不起兴趣,觉得那即使是可能的,也没有多大意思。在我心目中的天堂里,不可没有肉体。

所以,我真正爱的不是分开的灵魂和肉体,而是灵与肉的奇妙结合。正是在这结合中,灵魂和肉体实现了各自的价值。

三、情欲的卑贱和伟大

叔本华说:人有两极,即生殖器和大脑,前者是盲目的欲望冲动,后者是纯粹的认识主体。对应于太阳的两种功能,生殖器是热,使生命成为可能,大脑是光,使认识成为可能。

很巧妙的说法，但多少有些贬低了性的意义。

人有生殖器，使得人像动物一样，为了生命的延续，不得不受欲望的支配和折磨。用自然的眼光看，人在发情、求偶、交配时的状态与动物并无本质的不同，一样缺乏理智，一样盲目冲动，甚至一样不堪入目。在此意义上，性的确最充分地暴露了人的动物性的一面，是人永远属于动物界的铁证。

但是，让我们设想一下，如果人只有大脑，没有生殖器，会怎么样呢？没有生殖器的希腊人还会为了绝世美女海伦打仗，还会诞生流传千古的荷马史诗吗？没有旺盛的情欲，还会有拉斐尔的画和歌德的诗吗？总之，姑且假定人类能无性繁殖，倘若那样，人类还会有艺术乃至文化吗？在人类的文化创造中，性是不可或缺的角色，它的贡献绝不亚于大脑。

所以，情欲既是卑贱的，把人按倒在兽性的尘土中，又是伟大的，把人提升到神性的天堂上。性是生命之门，上帝用它向人喻示了生命的卑贱和伟大。

四、差异中倾注了上帝的灵感

在创世第六天，上帝的灵感达于顶峰，创造了最奇妙的作品——男人和女人。然而，这些被造物今天却陷入了无聊的争论。

有一些极端的女权主义者竭力证明，男人和女人之间并无任何重要的差异，仅仅因为社会的原因，这些差异被夸大了，造成了万恶的性别歧视。还有一些人——有男人也有女人——承认两性之间在生理上和心理上存在着差异，但热衷于评判这些差异，争论哪一性更优秀，上帝更宠爱谁。

我对所有这些争论都感到隔膜。

人们怎么看不到，上帝的杰作不是单独的某一性，而正是两性的差异，这差异里倾注了造物主的全部奇思妙想。一个领会了上帝的灵感的人才不理睬这种争论呢，他宁愿把两性的差异本身当作神的礼物，怀着感恩之心来欣赏和享用。

五、最优秀的男女是雌雄同体的

我认为，不应该否认两性心理特征的差异。大致而论，在气质上，女性偏于柔弱，男性偏于刚强；在智力上，女性偏于感性，男性偏于理性。当然，这种区别绝不是绝对的。事实上，许多杰出人物是集两性的优点于一身的。然而，其前提是保持本性别的优点。丢掉这个前提，譬如说，直觉迟钝的女人，逻辑思维混乱的男人，就很难优秀。

也许，在一定意义上，最优秀的男女都是雌雄同体的，既赋有本性别的鲜明特征，又巧妙地揉进了另一性别的优点。大自然仿佛要通过他们来显示自己的最高目的——阴与阳的统一。

2005.1

欣赏另一半

一个女精神分析学家告诉我们：精子是一个前进的箭头，卵子是一个封闭的圆圈，所以，男人好斗外向，女人温和内向。她还告诉我们：在性生活中，女性的快感是全身心的，男性的快感则集中于性器官，所以，女性在整体性方面的能力要高于男性。

一个男哲学家告诉我们：男人每隔几天就能产生出数亿个精子，女人将近一个月才能产生出一个卵子，所以，一个男人理应娶许多妻子，而一个女人则理应忠于一个丈夫。

都是从性生理现象中找根据，结论却互相敌对。

我要问这位女精神分析学家：精子也很像一条轻盈的鱼，卵子也很像一只迟钝的水母，这是否意味着男人比女人活泼可爱？在性生活中，男人射出精子，而女人接受，这是否意味着女性的确是一个被动的性别？

我要问这位男哲学家：在一次幸运的性交中，上亿个精子里只有一个被卵子接受，其余均遭淘汰，这是否意味着男人在数量上过于泛滥，应当由女人来对他们加以筛选而淘汰掉大多数？

我真正要说的是：性生理现象的类比不能成为性别褒贬的论据。

在日常生活中，我们也常常会听到在男女之间分优劣比高低的议论，虽然不像这样披着一层学问的外衣。两性之间在生理上和心理上的差异是一个明显的事实，否认这种差异当然是愚蠢的，但是，试图论证在这种差异中哪一性更优秀却是无聊的。正确的做法是把两性的差异本身当作价值，用它来增进共同的幸福。

超出一切性别论争的一个事实是，自有人类以来，男女两性就始终互相吸引和寻找。对于这个事实，柏拉图的著作里有一种解释：很早的时候，人都是双性人，身体像一只圆球，一半是男一半是女，后来被从中间劈开了，所以每个人都竭力要找回自己的另一半，以重归于完整。我曾经认为这种解释太幼稚，而现在，我忽然领悟了它的深刻的寓意。

寓意之一：无论是男性特质还是女性特质，孤立起来都是缺点，都造成了片面的人性，结合起来便都是优点，都是构成健全人性的必需材料。譬如说，如果说男性刚强，女性温柔，那么，只刚不柔便成脆，只柔不刚便成软，刚柔相济才是韧。

寓意之二：两性特质的区分仅是相对的，从本原上说，它们并存于每个人身上。一个刚强的男人也可以具有内在的温柔，一个温柔的女人也可以具有内在的刚强。一个人越是蕴含异性特质，在人性上就越丰富和完整，也因此越善于在异性身上认出和欣赏自己的另一半。相反，那些为性别优劣争吵不休的人（当然更多是男人），容我直说，他们的误区不只在理论上，真正的问题很可能出在他们的人性已经过于片面化了。借用柏拉图的寓言来说，他们是被劈开得太久了，以至于只能僵持于自己的这一半，认不出自己的另一半了。

2000.10

性爱五题

一、女人和自然

一个男人真正需要的只是自然和女人。其余的一切，诸如功名之类，都是奢侈品。

当我独自面对自然或面对女人时，世界隐去了。当我和女人一起面对自然时，有时女人隐去，有时自然隐去，有时两者都似隐非隐，朦胧一片。

女人也是自然。

文明已经把我们同自然隔离开来，幸亏我们还有女人，女人是我们与自然之间的最后纽带。

男人抽象而明晰，女人具体而混沌。

所谓形而上的冲动总是骚扰男人，他苦苦寻求着生命的家园。女人并不寻求，因为她从不离开家园，她就是生命、土地、花、草、河流、炊烟。

男人是被逻辑的引线放逐的风筝，他在风中飘摇，向天空奋飞，直到精疲力竭，逻辑的引线断了，终于坠落在地面，回到女人的怀抱。

男人一旦和女人一起生活便自以为已经了解女人了。他忘记了一个真理：我们最熟悉的事物，往往是我们最不了解的。

也许，对待女人的最恰当态度是，承认我们不了解女人，永远保持第一回接触女人时的那种新鲜和神秘的感觉。难道两性差异不是大自然的一个永恒奇迹吗？对此不再感到惊喜，并不表明了解增深，而只表明感觉已被习惯磨钝。

我确信，两性间的愉悦要保持在一个满意的程度，对彼此身心差异的那种惊喜之感是不可缺少的条件。

二、爱和喜欢

"我爱你。"

"不，你只是喜欢我罢了。"她或他哀怨地说。

"爱我吗？"

"我喜欢你。"她或他略带歉疚地回答。

在所有的近义词里，"爱"和"喜欢"似乎被掂量得最多，其间的差别被最郑重其事地看待。这时候男人和女人都成了最一丝不苟的语言学家。

也许没有比"爱"更抽象、更笼统、更歧义、更不可通约的概念了。应该用奥卡姆的剃刀把这个词也剃掉。不许说"爱"，要说就说一些比较具体的词眼，例如"想念""需要""尊重""怜悯"等等。这样，事情会简明得多。

怎么，你非说不可？好吧，既然剃不掉，它就属于你。你在爱。

爱就是对被爱者怀着一些莫须有的哀怜，做一些不必要的事情：怕她（他）冻着饿着，担心她遇到意外，好好地突然想到她有朝一日死了怎么办，轻轻地抚摸她好像她是病人又是易损的瓷器。爱就是做被爱者的保护人的冲动，尽管在旁人看来这种保护毫无必要。

三、风骚和魅力

风骚，放荡，性感，这些近义词之间有着细微的差别。

"性感"译自西文 sex appeal，一位朋友说，应该译作汉语中的"骚"，其含义正相同。怕未必，只要想想有的女人虽骚却并不性感，就可明白。

"性感"是对一个女人的性魅力的肯定评价，"风骚"则用来描述一个女人在性引诱方面的主动态度。风骚也不无魅力。喜同男性交往的女子，或是风骚的，或是智慧的。你知道什么是尤物吗？就是那种既风骚又智慧的女子。

放荡和贞洁各有各的魅力，但更有魅力的是二者的混合：荡妇的贞洁，或贞女的放荡。

调情之妙，在于情似有似无，若真若假，在有无真假之间。太有太真，认真地爱了起来，或全无全假，一点儿不动情，都不会有调情的兴致。调情是双方认可的意淫，以戏谑的方式表白了也宣泄了对于对方的爱慕或情欲。

昆德拉的定义是颇为准确的：调情是并不兑现的性交许诺。

一个真正有魅力的女人，她的魅力不但能征服男人，而且也能征服女人。因为她身上既有性的魅力，又有人的魅力。

好的女人是性的魅力与人的魅力的统一。好的爱情是性的吸引与人的吸引的统一。好的婚姻是性的和谐与人的和谐的统一。

性的诱惑足以使人颠倒一时，人的魅力方能使人长久倾心。

大艺术家兼有包容性和驾驭力，他既能包容广阔的题材和多样的风格，又能驾驭自己的巨大才能。

好女人也如此。她一方面能包容人生丰富的际遇和体验，其中包括男人们的爱和友谊，另一方面又能驾驭自己的感情，不流于轻浮，不会在情欲的汪洋上覆舟。

四、嫉妒和宽容

性爱的排他性，所欲排除的只是别的同性对手，而不是别的异性对象。它的根据不在性本能中，而在嫉妒本能中。事情够清楚的：自己的所爱再有魅力,也不会把其他所有异性的魅力都排除掉。在不同异性对象身上,性的魅力并不互相排斥。所以,专一的性爱仅是各方为了照顾自己的嫉妒心理而自觉地或被迫地向对方的嫉妒心理做出的让步,是一种基于嫉妒本能的理智选择。

可是,什么是嫉妒呢?嫉妒无非是虚荣心的受伤。

虚荣心的伤害是最大的,也是最小的,全看你在乎的程度。

在性爱中,嫉妒和宽容各有其存在的理由。如果你真心爱一个异性,当他(她)与别人发生性爱关系时,你不可能不嫉妒。如果你是一个通晓人类天性的智者,你又不会不对他(她)宽容。这是带着嫉妒的宽容,和带着宽容的嫉妒。二者互相约束,使得你的嫉妒成为一种有尊严的嫉妒,你的宽容也成为一种有尊严的宽容。相反,在此种情境中一味嫉妒,毫不宽容,或者一味宽容,毫不嫉妒,则都是失了尊严的表现。

好的爱情有韧性,拉得开,但又扯不断。

相爱者互不束缚对方,是他们对爱情有信心的表现。谁也不限制谁,到头来仍然是谁也离不开谁,这才是真爱。

五、弹性和灵性

我所欣赏的女人,有弹性,有灵性。

弹性是性格的张力。有弹性的女人，性格柔韧，伸缩自如。她善于妥协，也善于在妥协中巧妙地坚持。她不固执己见，但在不固执中自有一种主见。

都说男性的优点是力，女性的优点是美。其实，力也是好女人的优点。区别只在于，男性的力往往表现为刚强，女性的力往往表现为柔韧。弹性就是女性的力，是化作温柔的力量。

弹性的反面是僵硬或软弱。和僵硬的女人相处，累。和软弱的女人相处，也累。相反，有弹性的女人既温柔，又洒脱，使人感到双倍的轻松。

如果说爱是一门艺术，那么，弹性便是善于爱的女子固有的艺术气质。

灵性是心灵的理解力。有灵性的女人天生慧质，善解人意，善悟事物的真谛。她极其单纯，在单纯中却有一种惊人的深刻。

如果说男性的智慧偏于理性，那么，灵性就是女性的智慧，它是和肉体相融合的精神，未受污染的直觉，尚未蜕化为理性的感性，灵性的反面是浅薄或复杂。和浅薄的女人相处，乏味。和复杂的女人相处，也乏味。有灵性的女人则以她的那种单纯的深刻使我们感到双倍的韵味。

所谓复杂的女人，既包括心灵复杂，工于利益的算计，也包括头脑复杂，热衷于抽象的推理。在我看来，两者都是缺乏灵性的表现。

有灵性的女子最宜于做天才的朋友，她既能给天才以温馨的理解，又能纠正男性智慧的偏颇。在幸运天才的生涯中，往往有这类女子的影子。未受这类女子滋润的天才，则每每因孤独和偏执而趋于狂暴。

其实，弹性和灵性是不可分的。灵性其内，弹性其外。心灵有理解力，待人接物才会宽容灵活。相反，僵硬固执之辈，天性必愚钝。

灵性与弹性的结合，表明真正的女性智慧也具一种大器，而非琐屑的小聪明。智慧的女子一定有大家风度。

弹性和灵性又是我所赞赏的两性关系的品格。

好的两性关系有弹性，彼此既非僵硬地占有，也非软弱地依附。相爱的人给予对方的最好礼物是自由。两个自由人之间的爱，拥有必要的张力。这种爱牢固，但不板结；缠绵，但不粘滞。没有缝隙的爱太可怕了，爱情在其中失去了自由呼吸的空间，迟早要窒息。

好的两性关系当然也有灵性，双方不但获得官能的满足，而且获得心灵的愉悦。现代生活的匆忙是性爱的大敌，它省略细节，缩减过程，把两性关系简化为短促的发泄。两性的肉体接触更随便了，彼此在精神上却更陌生了。

1988.9

艺术·技术·魔术

艺术、技术、魔术，这是性爱的三种境界。

男女之爱往往从艺术境界开始，靠技术境界维持，到维持不下去时，便转入魔术境界。

恋爱中的男女，谁不是天生的艺术家？他们陶醉在诗的想象中，梦幻的眼睛把情侣的一颦一笑朦胧得意味无穷。一旦结婚，琐碎平凡的日常生活就迫使他们着意练习和睦相处的技巧，家庭稳固与否实赖于此。如果失败，我们的男主角和女主角就可能走火入魔，因其心性高低，或者煞费苦心地互相欺骗，或者心照不宣地彼此宽容。

这也是在性爱上人的三种类型。

不同类型的人在性爱中寻求不同的东西：艺术型的人寻求诗和梦，技术型的人寻求实实在在的家，魔术型的人寻求艳遇、变幻和冒险。

每一种类型又有高低雅俗之分。有艺术家，也有爱好艺术的门外汉。有技师，也有学徒工。有魔术大师，也有走江湖的杂耍。

如果命运乱点鸳鸯谱，使不同类型的人相结合，或者使某一类型的人身处与本人类型不合的境界，喜剧性的误会发生了，接着悲剧性的冲突和离异也发生了。

技术型的家庭远比艺术型的家庭稳固。

有些艺术气质极浓的人，也许会做一辈子的梦，醉一辈子的酒，不过多半要变换枕头和酒杯。在长梦酣醉中白头偕老的幸运儿能有几对？两个艺术家的结合往往是脆弱的，因为他们在技术问题上笨拙得可笑，由此生出无休无止的摩擦和冲突，最后只好忍痛分手。

瞧这小两口，男恩女爱，夫唱妇随，配合默契，心满意足。他们是婚姻车间里的熟练技术工人，大故障不出，小故障及时排除。技术熟练到了炉火纯青的地步，真可以造成一种艺术的外观。他们几近于幸福了，因为家庭的幸福岂不就在于日常生活小事的和谐？

有时候，两人中只要一人有娴熟的技巧，就足以维持婚姻的稳固。他天性极不安分，说不清是属于艺术型还是魔术型。她却是一个意志坚强、精明能干的女人，我们多少次担心或庆幸他们会破裂，但每次都被她安全地度过了。尽管他永远是个不熟练的学徒工，可是他的师傅技艺高强，由不得他不乖乖地就范，第一千次从头学起。

艺术型的人落到技术境界里，情形够惨的。一开始，幻想犹存。热恋已经不知不觉地冷却，但他不承认。世上难道有理智的爱、圆形的方？不幸的婚姻触目皆是，但他相信自己是幸运的例外。在每次彬彬有礼的忍让之后，他立刻在自己心里加上一条温情脉脉的注解。他是家庭中的堂·吉诃德，在技术境界里仍然高举艺术的旗帜。

可是，自欺终究不能持久。有朝一日，他看清了自己处境的虚伪和无聊，便会面临抉择。

艺术型的人最容易从技术境界走向魔术境界。如果技术不熟练，不足以维持家庭稳固，他会灰心。如果技术太完备，把家庭维持得过于稳固，他又会厌倦。他的天性与技术格格不入，对于他来说，技术境界既太高又太低，既难以达到又不堪忍受。在技术挫伤了他的艺术之后，他就用魔术来报复技术和治疗艺术。

很难给魔术境界立一清晰的界说。同为魔术，境界相距何其遥远。其间的区别往往取决于人的类型：走江湖的杂耍由技术型的人演变而来，魔术大师骨子里是艺术家。

技术型的人一旦落入魔境，仍然脱不掉那副小家子相。魔术于他仍是一门需要刻苦练习的技术，他兢兢业业，谨小慎微，认真对付每一场演出，生怕戏法戳穿丢了饭碗。他力求面面俱到，猎艳和治家两不误，寻花问柳的风流无损于举案齐眉的体面。他看重的是工作量，勤勤恳恳，多捡一回便宜，就多一份侥幸的欢喜。

相反，魔术大师对于风流韵事却有一种高屋建瓴的洒脱劲儿。他也许独身不婚，也许选择了开放的婚姻。往往是极其痛苦的阅历和内省使他走到这一步。他曾经比别人更深地沉湎于梦，现在梦醒了，但他仍然喜欢梦，于是就醒着做梦。从前他一饮就醉，现在出于自卫，他只让自己半醉，醉话反倒说得更精彩了。他是一个超越了浪漫主义的虚无主者，又是一个拒斥虚无主义的享乐主义者。在他的貌似玩世不恭背后，隐藏着一种哲学的悲凉。

艺术境界和魔术境界都近乎游戏。区别仅在于，在艺术境界，人像孩子一样忘情于游戏，想象和现实融为一体。在魔术境界，两者的界限是分明的，就像童心不灭而又饱经沧桑的成年人一边兴致勃勃地玩着游戏，一边不无悲哀地想，游戏只是游戏而已。

我无意在三种境界、三种类型之间厚此薄彼。人类性爱的种种景象无不有可观可叹之处。看千万只家庭的航船心满意足无可奈何地在技术境界的宽阔水域上一帆风顺或搁浅挣扎，岂非也是一种壮观？倘若哪只小船偏离了技术的航道，驶入魔境，我同样会感到一种满意，因为一切例外都为世界增色，我宁愿用一打公式换取一个例外。我身上是否也有些魔气？

1989.1

可能性的魅力

世上再动人的爱情，再美满的婚姻，也都是偶然性的产物。在茫茫人海里，两人相遇了，这相遇是靠了不知多少人力无法支配的因素凑成的，只要其中一个因素变化，你们很可能就失之交臂。而如果你没有遇到这个她（他），你一定还会遇到另一个她，生发出另一段也许同样美好甚至更美好的姻缘来。

那么，现在，在你们已经相遇之后，你就不会遇到另一个她了吗？当然不。从理论上讲，在另一性别的广阔世界里，适合于你的异性肯定不是少数，而你始终有着与她们之中某一个或某一些人相遇的可能性。那么，真相遇了怎么办？

我是一个爱情至上论者，深信两性的结合唯以爱情为最高原则，当然不反对较差的爱情给新的更好的爱情让位。可是，问题在于，你怎么知道新的爱情就一定更好？那种震撼心灵的热恋如同天意，或许谁也抗拒不了，另当别论。在大多数情形下，新鲜本身就构成了巨大的诱惑，但新鲜总是暂时的，到不新鲜了的时候你怎么办？无休止地更换性伴侣诚然也是一种活法，然而，在这种活法里已经没有了爱情的位置，所以不合我的原则。

可能性是人生魅力的重要源泉。如果因为有了爱侣，结了婚，就不再可能与别的可爱的异性相遇，人生未免太乏味了。但是，在我看来，如果你真正善于欣赏可能性的魅力，你就不会怀着一种怕错过什么的急迫心理，总是想要把可能性立即兑现为某种现实性。因为这样做的结果，你表面上似乎得到了许多，实际上却是亲手扼杀了你的人生中的一切可能性。我的意思是说，在你与一切异性的关系之中，不再有产生真正的爱情的可能性，只剩下了唯一的现实性——上床。

就我自己来说，我是宁愿怀着对既有爱情的珍惜之心，而将与别的可爱异性的关系保持在友谊的水平上的。我不否认这样的友谊中有性吸引的成分，但是，让这成分含蓄地起作用，岂不别有一种情趣？男人谁没有放纵一下的欲望，我不喜欢的是那后果，包括必然会造成的对爱我的人的伤害。除去卖淫和变相的卖淫不说，我不相信一个女人和你在肉体上发生亲昵关系而在感情上却毫无所求。假定一个女人爱上了一个出色的男人，而这个男人譬如说有一百个追求者，那么，她是愿意他与一百个女人都有染，从而她也能占有一份呢，还是宁愿他只爱一人，因而她只有百分之一的获胜机会呢？我相信，在这个测验题目上，绝大多数女人都会做出相同的选择。

2001.5

尼采的鞭子

尼采一生中只有一次真正堕入了情网,热烈地爱上了一个比他小18岁的姑娘,名叫莎乐美。我们现在仍能看到一张照片,照片上,尼采和莎乐美的另一个追求者保尔·勒埃在并肩拉一辆牛车,而莎乐美则侧身站在牛车上,手执一根鞭子。据说,这个画面是尼采设计的,他认为如此才准确地反映了三人的真实关系——两个男人俯首甘为一个女人的牛。

几个月后,尼采开始写《查拉图斯特拉如是说》一书,书中有一句名言:"你到女人那里去吗?不要忘了带你的鞭子。"

此话写在失恋之后。莎乐美拒绝了尼采的求爱,并且断绝了与他的来往。甘愿在心爱的女人鞭打下做一头驾车的牛,此愿未遂,便相反朝全世界的女人扬起了鞭子。那么,哲学家的眼光是否含了太多一己的恩怨?或者,我们可否假设,尼采甘居轭下只是一时情感的冲动,即使他的求爱终于被接受,婚后生活的平庸仍会使他举起他的著名的鞭子?

2000.6

快感离幸福有多远？

人有一个身体，这个身体有大自然所赋予的欲望。欲望未得满足，身体便会处于失调状态，因欠缺而感到不适乃至痛苦。欲望得到满足，身体便重新进入协调状态，会感到惬意的平静。在二者之间，是欲望得到满足的过程，身体在这个过程中所感到的就是快感。所谓快感，是针对身体而言的。食色性也，为了个体的生存和种的延续，大自然在人的身体中安置了这两种主要的欲望，其中又以性欲的满足带来最强烈的快感。

除了欲望，我们的身体还有各种感觉器官，它们的享受也可以归入快感之列。皮肤需要触摸和拥抱，否则会感到饥渴。婴儿贪恋母怀抱，不仅仅是为了吃奶和获得安全感，必定也感觉到了肌肤相亲的快感。年长之后，皮肤饥渴就常常和性欲混合在一起了。舌之对于美味的快感，当然始终是和食欲相关的。身处山野，我们感到身心愉快，其中包含着新鲜空气给予嗅觉的快感。目之于美景和秀色，耳之于天籁和音乐，其快乐肯定不是纯粹肉体性质的，但也可以算作感官的享受。此外，身体还有其他一些种类的快感，例如体育运动、舞蹈、摇滚时体能的释放和对节奏的享受，疲劳后沐浴、休憩、睡眠所带来的彻底放松，如此等等。

总之，快感是多种多样的，包括一切形式的身体享受。大自然为人安排了一个爱享受的身体，我们没有任何理由谴责身体的这种天性。所以，和文艺复兴时期的意大利人一样，我不赞成禁欲主义。美国舞蹈家邓肯有过许多浪漫的性爱经历，招来了蜚短流长的议论，她为自己辩护道："我觉得肉体的快乐既天真无邪，又令人欢畅。你有一个身体，它天生要受好多痛苦，既然如此，只要有机会，为什么就不可以从你这个身体上汲取最大的快乐呢？"她说出的是身体的天经地义。事实上，为了从身体上汲取最大快乐，人类已经把快感变成了一门艺术，譬如说，世界各民族历史上几乎都产生了传授性爱技巧的经典著作。何况快感虽然属于身体，其意义却不限于身体。一个人能否自然地享受身体的快乐，往往表明他是否拥有充沛的生命力，而这一点往往又隐秘地支配着他的世界观，决定了他对世界的态度是积极还是消极。正是在这个意义上，主张积极世界观的哲学家尼采一度把自己的哲学命名为"快乐的科学"。

然而，在对快感做了充分肯定之后，我不得不还要指出它的限度。人毕竟不只有一个身体，更有一个灵魂。因此，人不但要追求肉体的快乐，更要追求精神的快乐。许多哲学家都谈到，人的需要是有层次之分的，越是精神性的需要居于越高的层次。所谓高低不是从道德上讲的，我们不能以道德的名义否定肉体的快乐。但是，正如英国哲学家约翰·穆勒所说，凡是体验过两种快乐的人就会知道，精神的快乐更加强烈也更加丰富。所以，肉体的快乐只是起点，如果停留在这个起点上，沉湎于此，局限于此，实际上是蒙受了自己所不知道的巨大损失，把自己的人生限制在了一个可怜的范围内。与快感相比，幸福是一个更高的概念，而要达到幸福的境界就必须有灵魂的参与。其实，即使就快感而言，纯粹肉体性质的快感也是十分有限的，差不多也是比较雷同的，情感的投入才使得快感变得独特而丰富。一个人味觉再发达也不成其为美食家，真正的美食家都是烹调艺术和饮食文化的鉴赏家，鉴赏的快乐大大强化了满足口腹之欲时的快感。同样，最难忘的性爱经验一定是发生在两人都充满激情的场合。

在今天，快感已成为最热门的消费品之一，以制造身体各个部位的快感为营业内容的各色服务行业欣欣向荣。我无意评判这一现象，只想提醒那些热心顾客向自己问两个问题。第一个问题：如果你只能到市场上去购买快感，再没有别的途径，你的身体的快感机制是否出了毛病？第二个问题：单凭这些买来的快感，你真的觉得自己幸福吗？

2003.9

无止境的浪漫也会产生审美疲劳
——情人节卓越网专访

问：一年一度的情人节又到了，情感话题又成了时下讨论的一个热点。您的很多作品涉及了爱情、婚姻、女人与男人、爱与孤独等有关人生的永恒话题。千百年来，人们对这类问题的探讨与追问也从未停止过，那么，人们为什么渴望爱或被爱呢？

答：因为毕竟是人。人不是木石，有一个血肉之躯，这个血肉之躯有欲望，需要得到满足，而每种欲望的满足都离不开他人。人又不仅是动物，还有一个灵魂，灵魂要求欲望在一种升华的形式中得到满足，即具有美感，这差不多就是爱了，柏拉图正是在这个意义上把爱情定义为"在美中孕育"。

问："爱"在人类的历史文明进程中扮演了怎样的角色？

答：有的哲学家说，恶是历史的动力。有的哲学家说，善是历史的目标。他们也许都对。恨与爱的关系与此相近。用亚当·斯密的话（基本意思而非原话）来说，利益导致社会秩序的进步，但同情是社会一切正面价值的源泉。在现实中，爱往往扮演受难者的角色，因为受难而备受赞美。

问：十九世纪德国古典社会学大师齐美尔认为：激烈的生存斗争使男人的经济独立推迟，一个男人能够合法地拥有一个女人的时刻也变得越来越晚，但身体条件并没有适应这种情况，激发性冲动的年龄相对较早——这段论述如今在我们看来仍然适用，人从青春期到结婚有近十年甚至更长的时间处于荷尔蒙分泌旺盛的阶段，自二十世纪九十年代以来婚前性行为大幅度增加，早恋、大学生同居等社会现象引起人们的关注。您是怎样看待这些问题的？最近，新《婚姻法》修改通过，其中不少条文直接影响到了人们现实生活中的婚姻与性，您如何看待中国法律与性发展之间的关系？

答：齐美尔说得对。由此可以得出结论：青春期的性压抑是违背自然之道的。所以，我对你提到的这些现象皆持同情和理解的态度。当然应该有所节制，但那主要是生理卫生方面的，比如避孕、防止性病、不可纵欲伤身之类。我相信，一般来说，适度的性满足对青少年的身心健康成长不但无害，而且有益。对性行为包括青春期的性行为不应该下道德判断，涉及道德的仅是一个人在一切行为包括性行为中表现出的对他人的态度，例如是否尊重和诚实。法律不应该管一切不对他人构成侵犯的个人行为，在性生活领域也是如此。不过，法律总是走在现实的后面，在事后对业已形成的普遍规范予以追认。

问：互联网的兴起影响了人们的生活、思维方式，不少人喜欢在虚拟的网络世界里放逐自己的情感,您是怎样看待"网恋"的?

答:画饼不能充饥,如果你觉得能充饥,一定是胃出了毛病。当然,偶尔用这种方法满足一下调情的欲望,也无可非议。但是,沉湎其中不能自拔,在我看来是无能的表现。有种的去找真男人真女人面对面过招。

问:您曾说喜欢好书和好女人,那么,您心目中的好书和好女人的标准是什么?您认为爱情的理想境界是什么样的?

答:一言难尽。简单地说,是相爱者灵肉两方面的和谐。不过,这是老生常谈了。关于好女人,我提过两个标准——灵性和弹性,现在仍觉得对。这主要是讲性格,如果这两个特征表现在身体上,也就是性感了。

问:您是一位哲人,一位作家,同时也是一位丈夫,一位父亲,这多种身份里面,您最喜欢的身份是什么,最满意和最不满意的身份分别是什么,为什么?

答:身份是无聊的东西,我都不感兴趣。我喜欢的不是任何一种身份,而是那些具体的事儿,例如写我特想写的作品,例如和我的宝贝女儿玩。这些事儿组成了我觉得有意义的生活,缺一不可。

问:您在《男人眼中的女人》一文中曾说:"有两种男人最爱谈女人:女性蔑视者和女性崇拜者……历来关于女人的最精彩的话都是从他们口

中说出的。"您是一位女性崇拜者还是女性蔑视者？您的作品中关于女人的话是很精彩的。

答：当然是女性崇拜者。我同意贾宝玉的观点：男人是泥做的，女人是水做的。注意，我崇拜的是女性，而不是每一个女人。有的女人已经不是水，不清也不柔，我不喜欢。

问：您是一位乐观主义者还是一位悲观主义者，为什么？

答：我欣赏尼采的定位，他说他已经超越乐观主义和悲观主义的肤浅对立，比乐观主义深刻，又比悲观主义积极。我希望我也是这样。

问：你曾经说过爱情不风流，爱情是最严肃的，台湾的李敖认为爱情是纯快乐的东西，爱是不谈则已，谈到的话，除了快乐，是不应该涉及其他的，好像与你的爱情观是有很大不同。你认为在处理爱情的问题上，我们都应该小心翼翼，还是以一种不计得失的达观态度反而更好？

答：爱情是既快乐又严肃的。李敖所说的那种男女关系，只有快乐，没有严肃，我认为那只是风流韵事。当然，风流韵事也不坏，只要双方都快乐就行。我赞赏对爱情持不计得失、不计成败的达观态度，不过，你首先要有一个基本判断，就是对方是真爱你还是只想跟你玩玩。在这一点上发生了误解，你迟早会达观不下去的。

问：有人认为爱是不计回报的，有一句谚语说："因为爱而爱是神，因为被爱而爱是人。"您怎样看呢？难道不嫉妒，不要求，完全的付出，才叫作真爱吗？

答：这个标准太高了。人毕竟是人，不是神。我相信，不论是谁，不论他（她）多么痴情或多么崇高，如果他的爱长期没有回报，始终不被爱，他的爱是坚持不下去的。

问：最近有一则新闻说，医学家正在致力于从男女大脑成分的不同来研究为什么男人对感情没有女人敏感、专一。如果对待情感的态度可以用医学来解释，是不是证明爱情也只是人的生理需要，而不是精神需要？您怎样看待这个问题？

答：对于人的情感，科学永远只能解释局部，不能解释全部。

问：我是一个敏感而脆弱的人，在爱情中容易被触动，也容易受伤害。希望您能告诉我，如何才能忘却受伤害的记忆，同时学会麻木而不那么容易被触动，从而找到真实的爱和快乐。

答：忘却和麻木与找到真实的爱是两回事，在真实的爱中必定包含痛苦。脆弱往往是由太依赖别人造成的，如果你足够自爱自立，你就既有了承受不幸的能力，也有了争取幸福的能力。

问：能否给正在恋爱中的人们说几句话？

答：第一，羡慕你们，恋爱是人生最美妙的时光之一，是神的赐予，可遇而不可求。第二，你们自己要珍惜，珍惜对方的感情也珍惜这一段时光。第三，如果真正相爱，就应该争取一种比较稳定的结合。

2004.2

两性比较

女性为阴，男性为阳。于是，人们常把敏感、细腻、温柔等阴柔气质归于女性，把豪爽、粗犷、坚毅等阳刚气质归于男性。我怀疑这很可能是受了语言的暗示。事实上，女人也可以是刚强的，男人也可以是温柔的，而只要自然而然，都不失为美。

女人比男人更信梦。在女人的生活中，梦占据着不亚于现实的地位。
男人不信梦，但也未必相信现实。当男人感叹人生如梦时，他是把现实和梦一起否定了。

女人有一千种眼泪，男人只有一种。女人流泪给男人看，给女人看，给自己看，男人流泪给上帝看。女人流泪是期望，是自怜自爱，男人流泪是绝望，是自暴自弃。
上帝保佑我不要看见男人流女人的眼泪。上帝保佑我更不要看见男人流男人的眼泪。

男人凭理智思考，凭感情行动。女人凭感情思考，凭理智行动。所以，在思考时，男人指导女人，在行动时，女人支配男人。

女人总是把大道理扯成小事情。男人总是把小事情扯成大道理。

两性之间，只隔着一张纸。这张纸是不透明的，在纸的两边，彼此高深莫测。但是，这张纸又是一捅就破的，一旦捅破，彼此之间就再也没有秘密了。

我的一位朋友说："不对，男人和女人是两种完全不同的动物，永远不可能彼此理解。"

男人通过征服世界而征服女人，女人通过征服男人而征服世界。

男人是突然老的，女人是逐渐老的。

我最厌恶的缺点，在男人身上是懦弱和吝啬，在女人身上是粗鲁和庸俗。

两性之间

男人与女人之间有什么是非可说？只有选择。你选择了谁，你就和谁放弃了是非的评说。

普天之下男人聚集在一起，也不能给女人下一个完整的定义。反之也一样。

男女关系是一个永无止境的试验。

对于异性的评价，在接触之前，最易受幻想的支配，在接触之后，最易受遭遇的支配。

其实，并没有男人和女人，只有这一个男人或这一个女人。

女人对于男人，男人对于女人，都不要轻言看透。你所看透的，至多是某几个男人或某几个女人，他们的缺点别有来源，不该加罪于性别。

在上帝的赐予中，性是最公平的。一个人不论穷富美丑，都能从性交中得到快乐，而且其快乐的程度并不取决于他的穷富美丑。

老来风流，有人传为佳话，有人斥为丑闻。其实，都大可不必，只须用平常眼光去看待，无非是有一分热发一分热罢了。

眼睛是爱情的器官，其主要功能是顾盼和失眠。

调情需要旁人凑兴。两人单独相处，容易严肃，难调起情来。一旦调上，又容易半真半假，弄假成真，动起真情。
当众调情是斗智，是演剧，是玩笑。
单独调情是诱惑，是试探，是意淫。

吸引异性的两种方式：一、显示风趣、智慧、活力，勾起对方的好奇心；二、显示忧愁、伤痛、深度，勾起对方的同情心。活力和深度的统一，吸引力达于极致。
可是，显示毕竟是表演，在口味更天然或更精致的对手那里就只能引起反感了。

在夫妇或情人之间，恩爱与争吵的混合，大约谁也避免不了。区别只在：一、两者的质量，有刻骨铭心的恩爱，也有表层的恩爱，有伤筋动骨的争吵，也有挠痒式的争吵；二、两者的比例。不过，情形很复杂，有时候大恩爱会伴随着大争吵，恩爱到了极致又会平息一切争吵。

在男女之间，凡亲密的友谊都难免包含性的因素，但不一定是性关系，这是两回事。这种性别上的吸引可以是一种内心感受。交异性朋友与交同性朋友，两者的内心感受当然是不一样的。

两性之间的情感或超过友谊，或低于友谊，所以异性友谊是困难的。在这里正好用得上"过犹不及"这句成语——"过"是自然倾向，"不及"是必然结果。

写给自己对之有好感的陌生异性的信，只能表明一个人在异性面前所希望扮演的角色，而并不能表明这个人对异性的一般评价。

有一种无稽之谈，说什么两性之间存在着永恒的斗争，不是东风压倒西风，就是西风压倒东风。我的信念与此相反。我相信，男人和女人都最真切地需要对方，只有在和平的联盟中才能缔造共同的幸福。

在动物世界中，雄性所承受的压力在很大程度上来自争夺雌性，这种争夺往往十分残酷，唯有胜者才能得到交配和繁衍的权利。其实，在人类社会中，同样的压力以稍微隐蔽的方式也落在了男性身上。不过，这是无法避免的，在优生的意义上也是公平的。

性爱哲学

只爱自己的人不会有真正的爱，只有骄横的占有。不爱自己的人也不会有真正的爱，只有谦卑的奉献。

如果说爱是一门艺术，那么，恰如其分的自爱便是一种素质，唯有具备这种素质的人才能成为爱的艺术家。

爱是一种精神素质，而挫折则是这种素质的试金石。

最强烈的爱都根源于绝望，最深沉的痛苦都根源于爱。

幸福是难的。也许，潜藏在真正的爱情背后的是深沉的忧伤，潜藏在现代式的寻欢作乐背后的是空虚。两相比较，前者无限高于后者。

大自然提供的只是素材，唯有爱才能把这素材创造成完美的作品。

凭人力可以成就和睦的婚姻，得到幸福的爱情却要靠天意。

爱情是人生最美丽的梦。倘用理性的刀刃去解析梦，再美丽的梦也会失去它的美。弗洛伊德对梦和性意识的解析就破坏了不少生活的诗意。当然还有另一种情况：生活本身使梦破灭了，这时候，对梦做理性的反省，认清它的美的虚幻，其实是一种解脱的手段。我相信毛姆就属于这种情况。

"生命的意义在于爱。"

"不，生命的意义问题是无解的，爱的好处就是使人对这个问题不求甚解。"

食欲引起初级革命，性欲引起高级革命。

一切迷恋都凭借幻觉，一切理解都包含误解，一切忠诚都指望报答，一切牺牲都附有条件。

人在爱情中自愿放弃意志自由，在婚姻中被迫放弃意志自由。性是意志自由的天敌吗？

也许，性爱中总是交织着爱的对立面——恨，或者惧。拜伦属于前者，歌德属于后者。

最深邃的爱都是"见人羞，惊人问，怕人知"的，因为一旦公开，就会走样和变味。

爱情是灵魂的化学反应。真正相爱的两人之间有一种"亲和力",不断地分解,化合,更新。"亲和力"愈大,反应愈激烈持久,爱情就愈热烈巩固。

对于灵魂的相知来说,最重要的是两颗灵魂本身的丰富以及由此产生的互相吸引,而绝非彼此的熟稔乃至明察秋毫。

看两人是否相爱,一个可靠尺度是看他们是否互相玩味和欣赏。两个相爱者之间必定是常常互相玩味的,而且是不由自主地要玩,越玩越觉得有味。如果有一天觉得索然无味,毫无玩兴,爱就荡然无存了。

优异易夭折,平庸能长寿。爱情何尝不是如此?

断肠人原是销魂客。重情者最知岁月无情,无情岁月卷走了多少有情生涯。

"多才惹得多愁,多情便有多忧。"所谓多愁善感,善感实为多愁的根源。多一分情,便多一分人世间的牵挂。怎么办呢?徐再思接下来说得好:"不重不轻症候,甘心消受,谁教你会风流。"

不过,情至深如贾宝玉者,就是重症甚至绝症,没有一个凡俗之躯消受得起，终于只好弃绝尘世了。

爱是耐心，是等待意义在时间中慢慢生成。

人们举着条件去找爱，但爱并不存在于各种条件的哪怕最完美的组合之中。爱不是对象，爱是关系，是你在对象身上付出的时间和心血。你培育的园林没有皇家花园美，但你爱的是你的园林而不是皇家花园。你相濡以沫的女人没有女明星美，但你爱的是你的女人而不是女明星。也许你愿意用你的园林换皇家花园，用你的女人换女明星，但那时候支配你的不是爱，而是欲望。

性爱伦理学

一万件风流韵事也不能治愈爱的创伤，就像一万部艳情小说也不能填补《红楼梦》的残缺。

情种爱得热烈，但不专一。君子爱得专一，但不热烈。此事古难全。不过，偶尔有爱得专一的情种，却注定没有爱得热烈的君子。

人们常说：爱与死。的确，相爱到死，乃至为爱而死，是美好的。但是，为了爱，首先应该活，活着才能爱。我不愿把死浪漫化。死是一切的毁灭，包括爱。上帝的最大罪过是把我们从尘世拽走，又不给我们天国。

使爱我的人感到轻松，更加恋生，这是我对爱的回赠。

爱情与良心的冲突只存在于一颗善良的心中。在一颗卑劣的心中，既没有爱情，也没有良心，只有利害的计算。

但是，什么是良心呢？在大多数情况下，它仅是对弱者即那失恋的一方的同情罢了。最高的良心是对灵魂行为的责任心，它与真实的爱情是统一的。

在爱情中，双方感情的满足程度取决于感情较弱的那一方的感情。如果甲对乙有十分爱，乙对甲只有五分爱，则他们都只能得到五分的满足。剩下的那五分欠缺，在甲会成为一种遗憾，在乙会成为一种苦恼。

人在两性关系中袒露的不但是自己的肉体，而且是自己的灵魂——灵魂的美丽或丑陋，丰富或空虚。一个人对待异性的态度最能表明他的精神品级，他在从兽向人上升的阶梯上处在怎样的高度。

凡正常人，都兼有疼人和被人疼两种需要。在相爱者之间，如果这两种需要不能同时在对方身上获得满足，便潜伏着危机。那惯常被疼的一方最好不要以为，你遇到了一个只想疼人不想被人疼的纯粹父亲型的男人或纯粹母亲型的女人。在这茫茫宇宙间，有谁不是想要人疼的孤儿？

爱一个人，就是心疼一个人。爱得深了，潜在的父性或母性必然会参加进来。只是迷恋，并不心疼，这样的爱还只停留在感官上，没有深入到心窝里，往往不能持久。

爱就是心疼。可以喜欢许多人，但真正心疼的只有一个。

可以不爱，不可无情。

情人间的盟誓不可轻信，夫妻间的是非不可妄断。

世上痴男怨女一旦翻脸，就斥旧情为假，讨回情书"都扯做纸条儿"，原来自古已然。

情当然有真假之别。但是，真情也可能变化。懂得感情的人珍惜以往一切爱的经历。

如同一切游戏一样，犯规和惩罚也是爱情游戏的要素。当然，前提是犯规者无意退出游戏。不准犯规，或犯了规不接受惩罚，游戏都进行不下去了。

在情场上，两造都真，便刻骨铭心爱一场。两造都假，也无妨逢场作戏玩一场。最要命的是一个真，一个假，就会种下怨恨甚至灾祸了。主动的假，玩弄感情，自当恶有恶报。被动的假，虚与委蛇，也绝非明智之举。对于真情，是开不得玩笑，也敷衍不得的。

爱情的专一可以有两种含义，一是热恋时的排他性，二是长期共同生活中彼此相爱的主旋律。

性爱心理学

　　爱情的发生需要适宜的情境。彼此太熟悉，太了解，没有了神秘感，就不易发生爱情。当然，彼此过于陌生和隔膜，也不能发生爱情。爱情的发生，在有所接触又不太熟稔之间，既有神秘感，又有亲切感，既能给想象力留出充分余地，又能使吸引力发挥到最满意的程度。

　　强烈的感情经验往往会改变两个热恋者的心理结构，从而改变他们与其他可能的对象之间的关系。犹如经过一次化合反应，他们都已经不是原来的元素，因而很难再与别的元素发生相似的反应了。在这个意义上，一个人一生也许只能有一次震撼心灵的爱情。

　　恋爱是青春的确证。一个人不管年龄多大，只要还能恋爱，就证明他并不老。
　　也许每个人在恋爱方面的能量是一个常数，因机遇和性情而或者一次释放，或者分批支出。当然，在不同的人身上，这个常数的绝对值是不同的，差异大得惊人。但是，不论是谁，只要是要死要活地爱过一场，就很难再热恋了。

关汉卿《一半儿·题情》:"骂你个俏冤家,一半儿难当一半儿耍。""虽是我话儿嗔,一半儿推辞一半儿肯。"

男女风情,妙在一半儿一半儿的。琢磨透了,哪里还有俏冤家?想明白了,如何还会心慌乱?

与其说有理解才有爱,毋宁说有爱才有理解。爱一个人,一本书,一件艺术品,就会反复玩味这个人的一言一行,这本书的一字一句,这件作品的细枝末节,自以为揣摩出了某种深长意味,于是,"理解"了。

我不知道什么叫爱情。我只知道,如果那张脸庞没有使你感觉到一种甜蜜的惆怅,一种依恋的哀愁,那你肯定还没有爱。

你是看不到我最爱你的时候的情形的,因为我在看不到你的时候才最爱你。

如果你喜欢的一个女人没有选择你,而是选择了另一个男人,你所感到的嫉妒有三种情形:

第一,如果你觉得那个情敌比你优秀,嫉妒便伴随着自卑,你会比以往任何时候更为自己的弱点而痛苦。

第二,如果你觉得自己与那个情敌不相上下,嫉妒便伴随着委屈,你会强烈地感到自己落入了不公平的境地。

第三，如果你觉得那个情敌比你差，嫉妒便伴随着蔑视，你会因为这个女人的鉴赏力而降低对她的评价。

对于男人来说，一个美貌的独身女子总归是极大的诱惑。如果她已经身有所属，诱惑就会减小一些。如果她已经身心都有所属，诱惑就荡然无存了。

一个男人和一个女人要彼此以性别对待，前提是他们之间存在着发生亲密关系的可能性，哪怕他们永远不去实现这种可能性。

正像恋爱者夸大自己的幸福一样，失恋者总是夸大自己的痛苦。

在失恋的痛苦中，自尊心的受挫占了很大比重。

邂逅的魅力在于它的偶然性和一次性，完全出乎意料，毫无精神准备，两个陌生的躯体突然互相呼唤，两颗陌生的灵魂突然彼此共鸣。但是，倘若这种突发的亲昵长久延续下去，绝大部分邂逅都会变得索然无味了。

性欲旺盛的人并不过分挑剔对象，挑剔是性欲乏弱的结果，于是要用一个理由来弥补这乏弱，这个理由就叫作爱情。

其实，爱情和性欲是两回事。

当然，当性欲和爱情都强烈时，性的体验最佳。

性诱惑的发生以陌生和新奇为前提。两个完全陌生的肉体之间的第一次做爱未必是最狂热或最快乐的，但往往是由最真实的性诱惑引起的。重复必然导致性诱惑的减弱，而倘若当事人试图掩饰这一点，则会出现合谋的虚伪。当然，重复并不排斥会有和谐的配合，甚至仍会有激情的时刻，不过这些成果主要不是来自性诱惑。

李寿卿《寿阳曲》："金刀利，锦鲤肥，更那堪玉葱纤细。添得醋来风韵美，试尝道怎生滋味。"

醋味三辨：一、醋是爱情这道菜不可缺少的调料，能调出美味佳肴，并使胃口大开；二、一点醋不吃的人不解爱情滋味，一点醋味不带的爱情平淡无味；三、醋缸打翻，爱情这道菜也就烧砸了。

此曲通篇隐喻，看官自明。

人大约都这样：自己所爱的人，如果一定要失去，宁愿给上帝或魔鬼，也不愿给他人。

狡猾的美是危险的，因为它会激起不可遏止的好奇心。

性爱美学

看见一个美丽的女人，你怦然心动。你目送她楚楚动人地走出你的视野，她不知道你的心动，你也没有想要让她知道。你觉得这是最好的：把欢喜留在心中，让女人成为你的人生中的一种风景。

歌德说：美人只在瞬间是美的。我想换一种比较宽容的说法：任何美人都有不美的瞬间。

在朦胧的光线下，她的脸庞无比柔美，令我爱不自禁。可是，到了明亮处，我发现了她的憔悴和平常，心中为之黯然。

她仍然是她。如果光线永远朦胧，她在我眼中就会永远柔美了。

所谓美是多么没有理性。

酒吧，歌厅，豪华商场，形形色色的现代娱乐场所。这么多漂亮女人。可是，她们是多么相像呵。我看到了一张张像屁股一样的脸蛋，当然是漂亮的屁股，但没有内容。此时此刻，我的爱美的天性渴望看到一张丑而有内容的脸，例如罗丹雕塑的那个满脸皱纹的老妓女。

恋爱，人生中美丽的时刻。如同黎明和黄昏，沐浴在柔和金光中的一切景物都变美了，包括那个美人儿。恋爱中的人以为那个美人儿是光源，其实她也是被照的景物。

卢梭说："女人最使我们留恋的，并不一定在于感官的享受，主要还在于生活在她们身边的某种情趣。"

的确，当我们贪图感官的享受时，女人是固体，诚然是富有弹性的固体，但毕竟同我们只能有体表的接触。然而，在那样一些充满诗意的场合，女人是气体，那样温馨芬芳的气体，她在我们的四周飘荡，沁入我们的肌肤，弥漫在我们的心灵。一个心爱的女子每每给我们的生活染上一种色彩，给我们的心灵造成一种氛围，给我们的感官带来一种陶醉。

一个漂亮女人能够引起我的赞赏，却不能使我迷恋。使我迷恋的是那种有灵性的美，那种与一切美的事物发生内在感应的美。在具有这种美的特质的女人身上，你不仅感受到她本身的美，而且通过她感受到了大自然的美，艺术的美，生活的美。因为这一切美都被她心领神会，并且在她的气质、神态、言语、动作中奇妙地表现出来了。她以她自身的存在增加了你眼中那个世界的美，同时又以她的体验强化了你对你眼中那个世界的美的体验。不，这么说还有点不够。事实上，当你那样微妙地对美发生共鸣时，你从她的神采中看到的恰恰是你对美的全部体验，而你本来是看不到、甚至把握不住你的体验的。这是多么激动人心呵，无意识的、因为难以捕捉和无法表达而令人苦恼的美感，她不是用语言，而是用她有灵性的肉体，用眼睛、表情、动作等（这一切你都看得见）替你表达出来了。这就是魅力的秘密。

两个漂亮的姑娘争吵了起来，彼此用恶言中伤。我望着她们那轮廓纤秀的嘴唇，不禁惶惑了：如此美丽的嘴唇，使男人忍不住想去吻它们，有时竟是这么恶毒的东西吗？

美是无法占有的，一个雄辩的证据便是那种娶了一个不爱他的漂亮女人的丈夫，他会深切感到，这朝夕在眼前晃动的美乃是一种异在之物，绝对不属于他，对他毫无意义。这个例子也说明了仅仅根据外貌选择配偶是多么愚蠢。

不纯净的美使人迷乱，纯净的美使人宁静。
女人身上兼有这两种美。所以，男人在女人怀里癫狂，又在女人怀里得到安息。
女人作为母亲，最接近大自然。大自然的美总是纯净的。

风流场所的确有一些极美的女人。可是，我无法把美女和卖淫联系起来，不能想象如此天生丽质会让许多龌龊的男人任意糟蹋。

美是高贵的,——也许这是一个迂腐之见?

问:你认为女人漂亮不漂亮重要吗?
答:这点对男人重要,于是对女人也变得重要了。男人都很容易被女人的漂亮迷惑,男人的这种愚蠢几乎不可救药,也就对女人的遭遇产生了影响。

第三辑

说爱情的酸甜苦辣

爱情不风流

有一个字，内心严肃的人最不容易说出口，有时是因为它太假，有时是因为它太真。

爱情不风流，爱情是两性之间最严肃的一件事。

调情是轻松的，爱情是沉重的。风流韵事不过是躯体的游戏，至多还是感情的游戏。可是，当真的爱情来临时，灵魂因恐惧和狂喜而战栗了。

爱情不风流，因为它是灵魂的事。真正的爱情是灵魂与灵魂的相遇，肉体的亲昵仅是它的结果。不管持续时间是长是短，这样的相遇极其庄严，双方的灵魂必深受震撼。相反，在风流韵事中，灵魂并不真正在场，一点儿小感情只是肉欲的佐料。

爱情不风流，因为它极认真。正因为此，爱情始终面临着失败的危险，如果失败又会留下很深的创伤，这创伤甚可能终身不愈。热恋者把自己全身心投入对方并被对方充满，一旦爱情结束，就往往有一种被掏空的感觉。风流韵事却无所谓真正的成功或失败，投入甚少，所以退出也甚易。

爱情不风流，因为它其实是很谦卑的。"爱就是奉献"——如果除去这句话可能具有的说教意味，便的确是真理，准确地揭示了爱这种情感的本质。爱是一种奉献的激情，爱一个人，就会遏制不住地想为她（他）做些什么，想使她快乐，而且是绝对不求回报的。爱者的快乐就在这奉献之中，在他所创造的被爱者的快乐之中。最明显的例子是父母对幼崽的爱，推而广之，一切真爱均应如此。可以用这个标准去衡量男女之恋中真爱所占的比重，剩下的就只是情欲罢了。

爱情不风流，因为它需要一份格外的细致。爱是一种了解的渴望，爱一个人，就会不由自主地想了解她的一切，把她所经历和感受的一切当作最珍贵的财富接受过来，精心保护。如果你和一个异性发生了很亲密的关系，但你并没有这种了解的渴望，那么，我敢断定你并不爱她，你们之间只是又一段风流因缘罢了。

爱情不风流，因为它虽甜犹苦，使人销魂也令人断肠，同时是天堂和地狱。正如纪伯伦所说——

"爱虽给你加冠，它也要把你钉在十字架上。它虽栽培你，它也刈剪你。

"它虽升到你的最高处，抚惜你在日中颤动的枝叶。它也要降到你的根下，摇动你的根柢的一切关节，使之归土。"

所以，内心不严肃的人，内心太严肃而又被这严肃吓住的人，自私的人，懦弱的人，玩世不恭的人，饱经风霜的人，在爱情面前纷纷逃跑了。

所以，在这人际关系日趋功利化、表面化的时代，真正的爱情似乎越来越稀少了。有人愤激地问我："这年头，你可听说某某恋爱了，某某又失恋了？"我一想，果然少了，甚至带有浪漫色彩的风流韵事也不多见了。在两性交往中，人们好像是越来越讲究实际，也越来越潇洒了。

也许现代人真是活得太累了，所以不愿再给自己加上爱情的重负，而宁愿把两性关系保留为一个轻松娱乐的园地。也许现代人真是看得太透了，所以不愿再徒劳地经受爱情的折磨，而宁愿不动感情地面对异性世界。然而，逃避爱情不会是现代人精神生活空虚的一个征兆吗？爱情原是灵肉两方面的相悦，而在普遍的物欲躁动中，人们尚且无暇关注自己的灵魂，又怎能怀着珍爱的情意去发现和欣赏另一颗灵魂呢？

可是，尽管真正的爱情确实可能让人付出撕心裂肺的代价，却也会使人得到刻骨铭心的收获。逃避爱情的代价更大。就像一万部艳情小说也不能填补《红楼梦》的残缺一样，一万件风流韵事也不能填补爱情的空白。如果男人和女人之间不再信任和关心彼此的灵魂，肉体徒然亲近，灵魂终是陌生，他们就真正成了大地上无家可归的孤魂了。如果亚当和夏娃互相不再有真情甚至不再指望真情，他们才是真正被逐出了伊甸园。

爱情不风流，因为风流不过尔尔，爱情无价。

1994.5

爱：从痴迷到依恋

爱有一千个定义，没有一个定义能够把它的内涵穷尽。

当然，爱首先是一种迷恋。情人之间必有一种痴迷的心境，和一种依恋的情怀，否则算什么堕入情网呢。可是，仅仅迷恋还不是爱情。好色之徒猎艳，无知少女追星，也有一股迷恋的劲儿，却与爱情风马牛不相及。即使自以为堕入情网的男女，是否真爱也有待岁月检验。一个爱情的生存时间或长或短，但必须有一个最短限度，这是爱情之为爱情的质的保证。小于这个限度，两情无论怎样热烈，也只能算作一时的迷恋，不能称作爱情。

所以，爱至少应该是一种相当长久的迷恋。迷恋而又长久，就有了互相的玩味和欣赏，爱便是这样一种乐此不疲的玩味和欣赏。两个相爱者之间必定是常常互相玩味的，而且是不由自主地要玩，越玩越觉得有味。如果有一天觉得索然无味，毫无玩兴，爱就荡然无存了。

迷恋越是长久，其中热烈痴迷的成分就越是转化和表现为深深的依恋，这依恋便是痴迷的天长日久的存在形式。由于这深深的依恋，爱又是一种永无休止的惦念。有爱便有牵挂，而且牵挂得似乎毫无理由，近乎神经过敏。你在大风中行走，无端地便担心爱人的屋宇是否坚固。你在睡梦中惊醒，莫名地便忧虑爱人的旅途是否平安。哪怕爱人比你强韧，你总放不下心，因为在你眼中她（他）永远比你甚至比一切世人脆弱，你自以为比世人也比她自己更了解她，唯有你洞察那强韧外表掩盖下的脆弱。

于是，爱又是一种温柔的呵护。不论男女，真爱的时候必定温柔。爱一个人，就是心疼她，怜她，宠她，所以有"疼爱""怜爱""宠爱"之说。心疼她，因为她受苦。怜她，因为她弱小。宠爱她，因为她这么信赖地把自己托付给你。女人对男人也一样。再幸运的女人也有受苦的时候，再强大的男人也有弱小的时候，所以温柔的呵护总有其理由和机会。爱本质上是一种指向弱小者的感情，在爱中，占优势的是提供保护的冲动，而非寻求依靠的需要。如果以寻求强大的靠山为鹄的，那么，正因为再强的强者也有弱的时候和方面，使这种结合一开始就隐藏着破裂的必然性。

如此看来，爱的确是一种给予和奉献。但是，对于爱者来说，这给予是必需，是内在丰盈的流溢，是一种大满足。温柔也是一种能量，如果得不到释放，便会造成内伤，甚至转化为粗暴和冷酷。好的爱情能使双方的这种能量获得最佳释放，这便是爱情中的幸福境界。因此，真正相爱的人总是庆幸自己所遇恰逢其人，为此而对上天满怀感恩之情。

我听见一个声音嘲笑道：你所说的这种爱早已过时，在当今时代纯属犯傻。好吧，我乐于承认，在当今这个讲究实际的时代，爱便是一种犯傻的能力。可不，犯傻也是一种能力，无此能力的人至多只犯一次傻，然后就学聪明了，从此看破了天下一切男人或女人的真相，不再受爱蒙蔽，而具备这种能力的人即使受挫仍不吸取教训，始终相信世上必有他所寻求的真爱。正是因为仍有这些肯犯傻能犯傻的男女存在，所以寻求真爱的努力始终是有希望的。

1996.1

幸福的悖论

一

把幸福作为研究课题是一件冒险的事。"幸福"一词的意义过于含混,几乎所有人都把自己向往而不可得的境界称作"幸福",但不同的人所向往的境界又是多么不同。哲学家们提出过种种幸福论,可以担保的是,没有一种能够为多数人所接受。至于形形色色所谓幸福的"秘诀",如果不是江湖偏方,也至多是一些老生常谈罢了。

幸福是一种太不确定的东西。一般人把愿望的实现视为幸福,可是,一旦愿望实现了,就真能感到幸福吗?萨特一生可谓功成愿遂,常人最企望的两件事,爱情的美满和事业的成功,他几乎都毫无瑕疵地得到了,但他在垂暮之年却说:"生活给了我想要的东西,同时它又让我认识到这没多大意思。不过你有什么办法?"

所以,我对一切关于幸福的抽象议论都不屑一顾,而对一切许诺幸福的翔实方案则简直要嗤之以鼻了。

最近读莫洛亚的《人生五大问题》,最后一题也是"论幸福"。但在前四题中,他对与人生幸福密切相关的问题,包括爱情和婚姻,家庭,友谊,社会生活,做了生动剔透的论述,令人读而不倦。幸福问题的讨论历来包括两个方面，一是社会方面，关系到幸福的客观条件，另一是心理方面，关系到幸福的主观体验。作为一位优秀的传记和小说作家，莫洛亚的精彩之处是在后一方面。就社会方面而言，他的见解大体是肯定传统的，但由于他体察人类心理，所以并不失之武断，给人留下了思索和选择的余地。

二

自古以来，无论在文学作品中，还是在现实生活中，爱情和婚姻始终被视为个人幸福之命脉所系。多少幸福或不幸的喟叹，都缘此而起。按照孔德的说法，女人是感情动物，爱情和婚姻对于女人的重要性自不待言。但即使是行动动物的男人，在事业上获得了辉煌的成功，倘若在爱情和婚姻上失败了，他仍然会觉得自己非常不幸。

可是，就在这个人们最期望得到幸福的领域里，却很少有人敢于宣称自己是真正幸福的。诚然，热恋中的情人个个都觉得自己是幸福女神的宠儿，但并非人人都能得到热恋的机遇，有许多人一辈子也没有品尝过个中滋味。况且热恋未必导致美满的婚姻，婚后的失望、争吵、厌倦、平淡、麻木几乎是常规，终身如恋人一样缱绻的夫妻毕竟只是幸运的例外。

从理论上说，每一个人在异性世界中都可能有一个最佳对象，一个所谓的"唯一者""独一无二者"，或如吉卜林的诗所云，"一千人中之一人"。但是，人生短促，人海茫茫，这样两个人相遇的几率差不多等于零。如果把幸福寄托在这相遇上，幸福几乎是不可能的。不过，事实上，爱情并不如此苛求，冥冥中也并不存在非此不可的命定姻缘。正如莫洛亚所说："如果因了种种偶然（按：应为必然）之故，一个求爱者所认为独一无二的对象从未出现，那么，差不多近似的爱情也会在另一个对象身上感到。"期待中的"唯一者"，会化身为千百种形象向一个渴望爱情的人走来。也许爱情永远是个谜，任何人无法说清自己所期待的"唯一者"究竟是什么样子的。只有到了堕入情网，陶醉于爱情的极乐，一个人才会惊喜地向自己的情人喊道："你就是我一直期待着的那个人，就是那个唯一者。"

究竟是不是呢？

也许是的。这并非说，他们之间有一种宿命，注定不可能爱上任何别人。不，如果他们不相遇，他们仍然可能在另一个人身上发现自己的"唯一者"。然而，强烈的感情经验已经改变了他们的心理结构，从而改变了他们与其他可能的对象之间的关系。犹如经过一次化合反应，他们都已经不是原来的元素，因而不可能再与别的元素发生相似的反应了。在这个意义上，一个人一生只能有一次震撼心灵的爱情，而且只有少数人得此幸遇。

也许不是。因为"唯一者"本是痴情的造影，一旦痴情消退，就不再成其"唯一者"了。莫洛亚引哲学家桑塔耶那的话说："爱情的十分之九是由爱人自己造成的，十分之一才靠那被爱的对象。"凡是经历过热恋的人都熟悉爱情的理想化力量，幻想本是爱情不可或缺的因素。太理智、太现实的爱情算不上爱情。最热烈的爱情总是在两个最富于幻想的人之间发生，不过，同样真实的是，他们也最容易感到幻灭。如果说普通人是因为运气不佳而不能找到意中人，那么，艺术家则是因为期望过高而对爱情失望的。爱情中的理想主义往往导致拜伦式的感伤主义，又进而导致纵欲主义，唐璜有过一千零三个情人，但他仍然没有找到他的"唯一者"，他注定找不到。

无幻想的爱情太平庸，基于幻想的爱情太脆弱，幸福的爱情究竟可能吗？我知道有一种真实，它能不断地激起幻想，有一种幻想，它能不断地化为真实。我相信，幸福的爱情是一种能不断地激起幻想、又不断地被自身所激起的幻想改造的真实。

三

爱情是无形的，只存在于恋爱者的心中，即使人们对于爱情的感受有千万差别，但在爱情问题上很难作认真的争论。婚姻就不同了，因为它是有形的社会制度，立废取舍，人是有主动权的。随着文明的进展，关于婚姻利弊的争论愈演愈烈。有一派人认为婚姻违背人性，束缚自由，败坏或扼杀爱情，本质上是不可能幸福的。莫洛亚引婚姻反对者的话说："一对夫妇总依着两人中较为庸碌的一人的水准而生活的。"此言可谓刻薄。但莫洛亚本人持赞成婚姻的立场，认为婚姻是使爱情的结合保持相对稳定的唯一方式。只是他把艺术家算作了例外。

在拥护婚姻的一派人中,对于婚姻与爱情的关系又有不同看法。两个截然不同的哲学家,尼采和罗素,都要求把爱情与婚姻区分开来,反对以爱情为基础的婚姻,而主张婚姻以优生和培育后代为基础,同时保持婚外爱情的自由。法国哲学家阿兰认为,婚姻的基础应是逐渐取代爱情的友谊。莫洛亚修正说:"在真正幸福的婚姻中,友谊必得与爱情融和一起。"也许这是一个比较令人满意的答案。爱情基于幻想和冲动,因而爱情的婚姻结局往往不幸。但是,无爱情的婚姻更加不幸。仅以友谊为基础的夫妇关系诚然彬彬有礼,但未免失之冷静。保持爱情的陶醉和热烈,辅以友谊的宽容和尊重,从而除去爱情难免会有的嫉妒和挑剔,正是加固婚姻的爱情基础的方法。不过,实行起来并不容易,其中诚如莫洛亚所说必须有诚意,但单凭诚意又不够。爱情仅是感情的事,婚姻的幸福却是感情、理智、意志三方通力合作的结果,因而更难达到。"幸福的家庭都是相似的;不幸的家庭各有各的不幸。"此话也可解为:千百种因素都可能导致婚姻的不幸,但没有一种因素可以单独造成幸福的婚姻。结婚不啻是把爱情放到琐碎平凡的日常生活中去经受考验,莫洛亚说得好,准备这样做的人不可抱着买奖券侥幸中头彩的念头,而必须像艺术家创作一部作品那样,具有一定要把这部艰难的作品写成功的决心。

四

两性的天性差异可以导致冲突,从而使共同生活变得困难,也可以达成和谐,从而造福人生。

尼采曾说:"同样的激情在两性身上有不同的节奏,所以男人和女人不断地发生误会。"可见,两性之间的和谐并非现成的,它需要一个彼此接受、理解、适应的过程。

一般而论,男性重行动,女性重感情,男性长于抽象观念,女性长于感性直觉,男性用刚强有力的线条勾画出人生的轮廓,女性为之抹上美丽柔和的色彩。

欧洲妇女解放运动初起时,一班女权主义者热情地鼓动妇女走上社会,从事与男子相同的职业。爱伦·凯女士指出,这是把两性平权误认作两性功能相等了。她主张女子在争得平等权利之后,回到丈夫和家庭那里去,以自由人的身份从事其最重要的工作——爱和培育后代。现代的女权主义者已经越来越重视发展女子天赋的能力,而不再天真地孜孜于抹平性别差异了。

女性在现代社会中的特殊作用尚有待于发掘。马尔库塞认为,由于女性与资本主义异化劳动世界相分离,因此她们能更多地保持自己的感性,比男子更人性化。的确,女性比男性更接近自然,更扎根于大地,有更单纯的、未受污染的本能和感性。所以,莫洛亚说:"一个纯粹的男子，最需要一个纯粹的女子去补充他　因了她，他才能和种族这深切的观念保持恒久的接触。"又说："我相信若是一个社会缺少女人的影响，定会堕入抽象，堕入组织的疯狂，随后是需要专制的现象　没有两性的合作，绝没有真正的文明。"在人性片面发展的时代，女性是一种人性复归的力量。德拉克罗瓦的名画《自由神引导人民》，画中的自由神是一位袒着胸脯、未着军装、面容安详的女子。歌德诗曰："永恒之女性，引导我们走。"走向何方？走向一个更实在的人生，一个更有人情味的社会。

莫洛亚可说是女性的一位知音。人们常说，女性爱慕男性的"力"，男性爱慕女性的"美"。莫洛亚独能深入一步，看出："真正的女性爱慕男性的'力'，因为她们稔知强有力的男子的弱点。""女人之爱强的男子只是表面的，且她们所爱的往往是强的男子的弱点。"我只想补充一句：强的男子可能对千百个只知其强的崇拜者无动于衷，却会在一个知其弱点的女人面前倾倒。

五

男女之间是否可能有真正的友谊？这是在实际生活中常常遇到、常常引起争论的一个难题。即使在最封闭的社会里，一个人恋爱了，或者结了婚，仍然不免与别的异性接触和可能发生好感。这里不说泛爱者和爱情转移者，一般而论，一种排除情欲的澄明的友谊是否可能呢？

莫洛亚对这个问题的讨论是饶有趣味的。他列举了三种异性之间友谊的情形：一方单恋而另一方容忍；一方或双方是过了恋爱年龄的老人；旧日的恋人转变为友人。分析下来，其中每一种都不可能完全排除性吸引的因素。道德家们往往攻击这种"杂有爱的成分的友谊"，莫洛亚的回答是：即使有性的因素起作用，又有什么要紧呢！"既然身为男子与女子，若在生活中忘记了肉体的作用，始终是件疯狂的行为。"

异性之间的友谊即使不能排除性的吸引，它仍然可以是一种真正的友谊。蒙田曾经设想，男女之间最美满的结合方式不是婚姻，而是一种肉体得以分享的精神友谊。拜伦在谈到异性谊时也赞美说："毫无疑义，性的神秘力量在其中也如同在血缘关系中占据着一种天真无邪的优越地位，把这谐音调弄到一种更微妙的境界。如果能摆脱一切友谊所防止的那种热情，又充分明白自己的真实情感，世间就没有什么能比得上做女人的朋友了，如果你过去不曾做过情人，将来也不愿做了。"在天才的生涯中起重要作用的女性未必是妻子或情人，有不少倒是天才的精神挚友，只要想一想贝蒂娜与歌德、贝多芬，梅森葆夫人与瓦格纳、尼采、赫尔岑、罗曼·罗兰，莎乐美与尼采、里尔克、弗洛伊德，梅克夫人与柴可夫斯基，就足够了。当然，性的神秘力量在其中起的作用也是不言而喻的。区别只在于，这种力量因客观情境或主观努力而被限制在一个有益无害的地位，既可为异性友谊罩上一种为同性友谊所未有的温馨情趣，又不致像爱情那样激起一种疯狂的占有欲。

六

在经过种种有趣的讨论之后，莫洛亚得出了一个似乎很平凡的结论：幸福在于爱，在于自我的遗忘。

当然，事情并不这么简单。康德曾经提出理性面临的四大二律背反，我们可以说人生也面临种种二律背反，爱与孤独便是其中之一。莫洛亚引用了拉伯雷《巨人传》中的一则故事。巴奴越去向邦太葛吕哀征询关于结婚的意见，他在要不要结婚的问题上陷入了两难的困境：结婚吧，失去自由，不结婚吧，又会孤独。其实这种困境不独在结婚问题上存在。个体与类的分裂早就埋下了冲突的种子，个体既要通过爱与类认同，但又不愿完全融入类之中而丧失自身。绝对的自我遗忘和自我封闭都不是幸福，并且也是不可能的。在爱之中有许多烦恼，在孤独之中又有许多悲凉。另一方面呢，爱诚然使人陶醉，孤独也未必不使人陶醉。当最热烈的爱受到创伤而返诸自身时，人在孤独中学会了爱自己，也学会了理解别的孤独的心灵和深藏在那些心灵中的深邃的爱，从而体味到一种超越的幸福。

一切爱都基于生命的欲望，而欲望不免造成痛苦。所以，许多哲学家主张节欲或禁欲，视宁静、无纷扰的心境为幸福。但另一些哲学家却认为拼命感受生命的欢乐和痛苦才是幸福，对于一个生命力旺盛的人，爱和孤独都是享受。如果说幸福是一个悖论，那么，这个悖论的解决正存在于争取幸福的过程之中。其中有斗争，有苦恼，但只要希望尚存，就有幸福。所以，我认为莫洛亚这本书的结尾句是说得很精彩的："若将幸福分析成基本原子时，亦可见它是由斗争与苦恼形成的，唯此斗争与苦恼永远被希望所挽救而已。"

1987.3

永远未完成

一

高鹗续《红楼梦》，金圣叹腰斩《水浒》，其功过是非，累世迄无定论。我们只知道一点：中国最伟大的两部古典小说处在永远未完成之中，没有一个版本有权自命是唯一符合作者原意的定本。

舒伯特最著名的交响曲只有两个乐章，而非如同一般交响曲那样有三至四个乐章，遂被后人命名为《未完成》。好事者一再试图续写，终告失败，从而不得不承认：它的"未完成"也许比任何"完成"更接近完美的形态。

卡夫卡的主要作品在他生前均未完成和发表，他甚至在遗嘱中吩咐把它们全部焚毁。然而，正是这些他自己不满意的未完成之作，死后一经发表，便奠定了他在世界文学史上的巨人地位。

凡大作家，哪个不是在死后留下了许多未完成的手稿？即使生前完成的作品，他们何尝不是常怀一种未完成的感觉，总觉得未尽如人意，有待完善？每一个真正的作家都有一个梦：写出自己最好的作品。可是，每写完一部作品，他又会觉得那似乎即将写出的最好的作品仍未写出。也许，直到生命终结，他还在为未能写出自己最好的作品而抱憾。然而，正是这种永远未完成的心态驱使着他不断超越自己，取得那些自满之辈所不可企及的成就。在这个意义上，每一个真正的作家一辈子只是在写一部作品，他的生命之作。只要他在世一日，这部作品就不会完成。

而且，一切伟大的作品在本质上是永远未完成的，它们的诞生仅是它们生命的开始，在今后漫长的岁月中，它们仍在世世代代读者心中和在文化史上继续生长，不断被重新解释，成为人类永久的精神财富。

相反，那些平庸作家的趋时之作，不管如何畅销一时，绝无持久的生命力。而且我可以断言，不必说死后，就在他们活着时，你去翻检这类作家的抽屉，也肯定找不到积压的未完成稿。不过，他们也谈不上完成了什么，而只是在制作和销售罢了。

二

无论是在文学作品中，还是在现实生活中，最动人心魄的爱情似乎都没有圆满的结局。由于社会的干涉、天降的灾祸、机遇的错位等外在困境，或由于内心的冲突、性格的悲剧、致命的误会等内在困境，有情人终难成为眷属。然而，也许正因为未完成，我们便在心中用永久的怀念为它们罩上了一层圣洁的光辉。终成眷属的爱情则不免黯然失色，甚至因终成眷属而寿终正寝。

这么说来，爱情也是因未完成而成其完美的。

其实，一切真正的爱情都是未完成的。不过，对于这"未完成"，不能只从悲剧的意义上做狭隘的理解。真正的爱情是两颗心灵之间不断互相追求和吸引的过程，这个过程不应该因为结婚而终结。以婚姻为爱情的完成，这是一个有害的观念，在此观念支配下，结婚者自以为大功告成，已经获得了对方，不需要继续追求了。可是，求爱求爱，爱即寓于追求之中，一旦停止追求，爱必随之消亡。相反，好的婚姻则应当使爱情始终保持未完成的态势。也就是说，相爱双方之间始终保持着必要的距离和张力，各方都把对方看作独立的个人，因而是一个永远需要重新追求的对象，绝不可能一劳永逸地加以占有。在此态势中，彼此才能不断重新发现和欣赏，而非互相束缚和厌倦，爱情才能获得继续生长的空间。

　　当然，再好的婚姻也不能担保既有的爱情永存，杜绝新的爱情发生的可能性。不过，这没有什么不好。世上没有也不该有命定的姻缘。人生魅力的前提之一恰恰是，新的爱情的可能性始终向你敞开着，哪怕你并不去实现它们。如果爱情的天空注定不再有新的云朵飘过，异性世界对你不再有任何新的诱惑，人生岂不太乏味了？靠闭关自守而得维持其专一长久的爱情未免可怜，唯有历尽诱惑而不渝的爱情才富有生机，真正值得自豪。

三

　　弗洛斯特在一首著名的诗中叹息：林中路分为两股，走上其中一条，把另一条留给下次，可是再也没有下次了。因为走上的这一条路又会分股，如此至于无穷，不复有可能回头来走那条未定的路了。

这的确是人生境况的真实写照。每个人的一生都包含着许多不同的可能性，而最终得到实现的仅是其中极小的一部分，绝大多数可能性被舍弃了，似乎浪费掉了。这不能不使我们感到遗憾。

但是，真的浪费掉了吗？如果人生没有众多的可能性，人生之路沿着唯一命定的轨迹伸展，我们就不遗憾了吗？不，那样我们会更受不了。正因为人生的种种可能性始终处于敞开的状态，我们才会感觉到自己是命运的主人，从而踌躇满志地走自己正在走的人生之路。绝大多数可能性尽管未被实现，却是现实人生不可缺少的组成部分，正是它们给那极少数我们实现了的可能性罩上了一层自由选择的光彩。这就好像尽管我们未能走遍树林里纵横交错的无数条小路，然而，由于它们的存在，我们即使走在其中一条上也仍能感受到曲径通幽的微妙境界。

回首往事，多少事想做而未做。瞻望前程，还有多少事准备做。未完成是人生的常态，也是一种积极的心态。如果一个人感觉到活在世上已经无事可做，他的人生恐怕就要打上句号了。当然，如果一个人在未完成的心态中和死亡照面，他又会感到突兀和委屈，乃至于死不瞑目。但是，只要我们认识到人生中的事情是永远做不完的，无论死亡何时到来，人生永远未完成，那么，我们就会在生命的任何阶段上与死亡达成和解，在积极进取的同时也保持着超脱的心境。

1993.3

何必温馨

不太喜欢温馨这个词。我写文章有时也用它，但尽量少用。不论哪个词。一旦成为一个热门、时髦、流行的词，我就对它厌烦了。

温馨本来是一个书卷气很重的词，如今居然摇身一变，俨然是形容词家族中脱颖而出的一位通俗红歌星。她到处走穴，频频亮相，泛滥于歌词中、散文中、商品广告中。以至于在日常言谈中，人们也可以脱口说出这个文绉绉的词了，宛如说出一个人所共知的女歌星的名字。

可是，仔细想想，究竟什么是温馨呢？温馨的爱、温馨的家、温馨的时光、温馨的人生究竟是什么样子？朦朦胧胧，含含糊糊，反正我想不明白。也许，正是词义上的模糊不清增加了这个词的魅力，能够激起说者和听者一些非常美好但也非常空洞的联想。

正是这样：美好，然而空洞。这个词是没有任何实质内容的。温者温暖，馨者馨香。暖洋洋，香喷喷。这样一个词非常适合于譬如说一个情窦初开的少女用来描绘自己对爱的憧憬，一个初为人妻的少妇用来描绘自己对家的期许。它基本上是一个属于女中学生词典的词汇。当举国男女老少都温馨长温馨短的时候，我不免感到滑稽，诧异国人何以在精神上如此柔弱化，纷纷竟作青春女儿态？

事实上，两性之间真正热烈的爱情未必是温馨的。这里无须举出罗密欧与朱丽叶，奥涅金与达吉亚娜，贾宝玉与林黛玉。每一个经历过热恋的人都不妨自问，真爱是否只有甜蜜，没有苦涩，只有和谐，没有冲突，只有温暖的春天，没有炎夏和寒冬？我不否认爱情中也有温馨的时刻，即两情相悦、心满意足的时刻，这样的时刻自有其价值，可是，倘若把它树为爱情的最高境界，就会扼杀一切深邃的爱情所固有的悲剧性因素，把爱情降为平庸的人间喜剧。

比较起来，温馨对于家庭来说倒是一个较合理的概念。家是一个窝，我们当然希望自己有一个温暖、舒适、安宁、气氛浓郁的窝。不过，我们也应该记住，如果爱情要在家庭中继续生长，就仍然会有种种亦悲亦喜的冲突和矛盾。一味地温馨，试图抹去一切不和谐音，结果不是磨灭掉夫妇双方的个性，从而窒息爱情（我始终认为，真正的爱情只能发生在两个富有个性的人之间），就是造成升平的假象，使被掩盖的差异终于演变为不可愈合的裂痕。

至于说以温馨为一种人生理想，就更加小家子气了。人生中有顺境，也有困境和逆境。困境和逆境当然一点儿也不温馨，却是人生最真实的组成部分，往往促人奋斗，也引人彻悟。我无意赞美形形色色的英雄、圣徒、冒险家和苦行僧，可是，如果否认了苦难的价值，就不复有壮丽的人生了。

写到这里，我忽然悟到了温馨这个词时髦起来的真正原因。我的眼前浮现出许多广告画面，画面上是各种高档的家具、家用电器、室内装饰材料、化妆品等，随之响起同一句画外音："　　伴你度过一个温馨的人生。"一点也不错！舒适的环境，安逸的氛围，精美的物质享受，这就是现代人的生活理想，这就是温馨一词的确切的现代含义！这个听起来好像颇浪漫的词，其实包含着非常务实的意思，一个正在形成中的中产阶级的生活标准，一种讲究实际的人生态度。不要跟我们提罗密欧了吧，爱就要爱得惬意。不要跟我们提哈姆雷特了吧，活就要活得轻松。理想主义的时代已经结束，让我们回归最实在的人生

我丝毫不反对实在的生活情趣。和突出政治时代到处膨胀的权力野心相比，这是一个进步。然而，实在的生活有着深刻丰富的内涵，绝非限于舒适安逸。使我反感的是"温馨"这个流行词所标志的人们精神上的平庸化，在这个女歌星唱遍千家万户的温软歌声中，一切人的爱情和人生变得如此雷同，就像当今一切流行歌曲的歌词和曲调如此雷同一样。听着这些流行歌曲，我不禁缅怀起歌剧《卡门》的音乐和它所讴歌的那种惊心动魄的爱情和人生来了。

所以，在这种情况下，我要说：

爱，未必温馨，又何必温馨？

人生，未必温馨，又何必温馨？

1993.2

人人都是孤儿

我们为什么会渴望爱？我们心中为什么会有爱？我的回答是：因为我们人人都是孤儿。

当然，除了极少数的例外，我们每个人降生时都是有父有母的，随后又都在父母的抚养下逐渐长大成人。可是，仔细想想，父母孕育我们是一件多么偶然的事啊。大千世界里，凭什么说那个后来成为你父亲的男人与那个后来成为你母亲的女人就一定会相识，一定会结合，并且又一定会在那个刚好能孕育你的时刻做爱？而倘若他们没有相识，或相识了没有结合，或结合了没有在那个时刻做爱，就压根儿不会有你！这个道理可以一直往上推，只要你的祖先中有一对未在某个特定的时刻做爱，就不会有后来导致你诞生的所有世代，也就不会有你。如此看来，我们每一个人都是茫茫宇宙间极其偶然的产物，造化只是借了同样是偶然产物的我们父母的身躯把我们从虚无中产生了出来。

父母既不是我们在这个世界上诞生的必然根据，也不能成为保护我们免受人世间种种苦难的可靠屏障。也许在童年的短暂时间里，我们相信在父母的怀抱中找到了万无一失的安全。然而，终有一天，我们会明白，凡降于我们身上的苦难，不论是疾病、精神的悲伤还是社会性的挫折，我们都必须自己承受，再爱我们的父母也是无能为力的。最后，当死神召唤我们的时候，世上绝没有一个父母的怀抱可以使我们免于一死。

因此，从茫茫宇宙的角度看，我们每一个人的确都是无依无靠的孤儿，偶然地来到世上，又必然地离去。正是因为这种根本性的孤独境遇，才有了爱的价值，爱的理由。一方面人人都是孤儿，所以人人都渴望有人爱，都想要有人疼。我们并非只在年幼时需要来自父母的疼爱，即使在年长时从爱侣那里，年老时从晚辈那里，孤儿寻找父母的隐秘渴望都始终伴随着我们，我们仍然期待着父母式的疼爱。另一方面，如果我们想到与我们一起暂时居住在这颗星球上的任何人，包括我们的亲人，都是宇宙中的孤儿，我们心中就会产生一种大悲悯，由此而生出一种博大的爱心。我相信，爱心最深厚的基础是在这种大悲悯之中，而不是在别的地方。譬如说性爱，当然是离不开性欲的冲动或旨趣的相投的，但是，假如你没有那种把你的爱侣当作一个孤儿来疼爱的心情，我敢断定你的爱情还是比较自私的。即使是子女对父母的爱，其中最刻骨铭心的因素也不是受了养育之后的感恩，而是无法阻挡父母老去的绝望，在这种绝望之中，父母作为无人能够保护的孤儿的形象清晰地展现在了你的眼前。

1998.1

爱还是被爱？

桌上放着一封某杂志社转来的读者来信，信中提出了一个难题：在做婚姻的抉择时，究竟应该选择自己所爱的人，还是爱自己的人？换句话说，为了婚姻的幸福，爱和被爱何者更为重要？

对于这个问题，我可以不假思索地给出一个肯定正确无误的答复：爱和被爱同样重要，两者都是幸福婚姻的必不可少的条件。无论是和自己不爱的人结合，还是和不爱自己的人结合，都不可能真正感到幸福。

然而，这个正确的答复过于抽象，并不能切中具体的生活情境。事实上，一个人如果遇到了自己深爱同时也深爱自己的人，就不存在所谓抉择的问题了。难题的提出恰恰是因为没有遇到这样的理想对象，于是不得已退而求其次，只好在不甚理想的对象中间进行选择。鉴于现实中理想爱情的稀少，面临类似选择的情境差不多是生活的常态，所以这个问题有权被认真对待。

可是，当我试图认真思考这个问题时，我发现我完全没有能力给出一个答案。男女之间的情感纠缠，波谲云诡，气象万千，当局者固然迷，旁观者又何尝清？我至多只能说，如果你不得已退而求其次，你的退步也要适可而止。设有某君，你极爱他，但他完全不爱你，此君可以免谈。或者相反，他极爱你，但你完全不爱他，此君也可免谈。总之，如果一方完全无意，就绝不可勉强，因为即使勉强成事，结果可以预料是很悲惨的。不过，如果一方真的完全无意，其实也就不存在选择的问题了。纠缠的发生，选择的必要，往往是因为一方相当有意，另一方却在有意无意之间。也就是说，一方很爱另一方，而另一方则仅仅是比较喜欢这一方，所以仍能维持着一种纠缠的格局（别有所图者不在此论）。让我尝试着分析一下这种情况。

爱情受理想原则支配，婚姻受现实原则支配。爱情本身拥有一种盲目的力量，会使人不顾一切地追求心目中的偶像。所以，当一个人考虑是否要与不太爱自己的或自己不太爱的人结婚时，她（他）已经在受现实原则支配了。理想原则追求的是幸福（事实上未必能追求到），现实原则要求避免可预见的不幸（结果往往也就不会太不幸）。可以用两个标准来衡量婚姻的质量，一是它的爱情基础，二是它的稳固程度。这两个因素之间未必有因果关系，所谓"佳偶难久"，热烈的爱情自有其脆弱的方面，而婚姻的稳固往往更多地取决于一些实际因素。两者俱佳，当然是美满姻缘。然而，如果其中之一甚强而另一稍弱，也就算得上是成功的婚姻了。以此而论，双方中只有一方深爱而另一方仅是喜欢，但在婚姻的稳固性方面条件有利，例如双方性格能够协调或互补，则此种结合仍可能有良好前景，而在长久婚姻生活中生长起来的亲情也将弥补爱情上的先天不足。当然，双方爱情的不平衡本身是一个不利于稳固性的因素，而其不利的程度取决于不平衡的程度和当事人的秉性。感情差距悬殊，当然不宜结合。在差距并不悬殊的情况下，如果爱得热烈的那一方嫉妒心强，非常在乎被爱，或者不太投入的那一方生性浪漫，渴望轰轰烈烈爱一场，则也都不宜结合，因为明摆着迟早会发生不可调和的冲突。所以，在选择一个你很爱但不太爱你的人时，你当自问，你是否足够大度，或对方是否足够安分。在选择一个很爱你但你不太爱的人时，你当自问，你是否足够安分，或对方是否足够大度。如果答案是否定的，你当慎行。如果答案是肯定的，你就不妨一试。你这样做仍然是冒着风险的，可是，在任何情况下，包括在彼此因热烈相爱而结合的情况下，婚姻都不可能除去它所固有的冒险的成分。明白了这个道理，你就不会太苛求婚姻，那样反而更有希望使它获得成功了。

　　爱和被爱同是人的情感需要，悲剧在于两者常常发生错位，爱上了不爱己者，爱己者又非己所爱。人在爱时都太容易在乎被爱，视为权利，在被爱时又都太容易看轻被爱，受之当然。如果反过来，有爱心而不求回报，对被爱知珍惜却不计较，人就爱得有尊严、活得有气度了。说到底，人生在世，真正重要的事情是如何做人，与之相比，与谁一起过日子倒属于比较次要的事情。不过，这已经是题外话了。

1995.1

爱情是一条流动的河

"一个人只要领略过爱情的纯真喜悦，那么，不论他在精神和智力生活中得到过多么巨大的乐趣，恐怕他都会将自己的爱情经历看作一生旅程中最为璀璨耀眼的一个点。"这段话不是出自某个诗人之手，而是引自马尔萨斯的经济学名著《人口论》。一位经济学家在自己的主要学术著作中竟为爱情唱起了赞歌，这使我倍觉有趣。

可是，我仍然要提出一个异议：爱情经历仅是一个人一生旅程中的一个点吗？它真的那么确定，那么短促？

这个问题换一种表达便是：当我们回顾自己的爱情经历时，我们有什么理由断定哪一次或哪一段是真正的爱情，从而把其余的排除在外？

毫无疑问，热恋的经历是令人格外难忘的。然而，热恋往往难持久，其结局或者是猝然中止，两人含怨分手，或者是逐渐降温，转变为婚姻中的亲情或婚姻外的友情。在现实生活中，这种情况造成了许多困惑。一些人因为热恋关系的破裂而怀疑曾有的热恋是真正的爱情，贬之为一场误会，就像一首元曲中形容的那样彼此翻脸，讨回情书"都扯做纸条儿"。另一些人则因为浪漫激情的消逝而否认爱情在婚姻中继续存在的可能性，其极端者便如法国作家杜拉斯所断言，夫妻之间最真实的东西只能是背叛。

究竟什么是真正的爱情？如果它是指既不会破裂也不会降温的永久的热恋，那么，世上究竟有没有真正的爱情？如果没有，那么，我们是否应该重新来给它定义？正是这一系列疑问促使我越来越坚定地主张：在给爱情划界时要宽容一些，以便为人生中种种美好的遭遇保留怀念的权利。

在最宽泛的意义上，爱情就是两性之间的相悦，是在与异性交往中感受到的身心的愉快，是因为异性世界的存在而感觉世界之美好的心情。一个人的爱情经历并不限于与某一个或某几个特定异性之间的恩恩怨怨，而且也是对于整个异性世界的总体感受。因此，不但热恋是爱情，婚姻的和谐是爱情，而且一切与异性之间的美好交往，包括短暂的邂逅，持久而默契的友谊，乃至毫无结果的单相思，留在记忆中的定睛的一瞥，在这最宽泛的意义上都可以包容到一个人的爱情经历之中。

爱情不是人生中一个凝固的点，而是一条流动的河。这条河中也许有壮观的激流，但也必然会有平缓的流程，也许有明显的主航道，但也可能会有支流和暗流。除此之外，天上的云彩和两岸的景物会在河面上映出倒影，晚来的风雨会在河面上吹起涟漪，打起浪花。让我们承认，所有这一切都是这条河的组成部分，共同造就了我们生命中的美丽的爱情风景。

2000.12

花心男女的专一爱情

向天下情侣和仍然相爱的夫妇问一个问题：你能否容忍你的情人、妻子或丈夫在爱你的同时还对别的异性动情？我相信，回答基本上是否定的。这么说来，爱情应该是专一的了。

再问第二个问题：你在爱你的情人、妻子或丈夫的同时，能否保证对别的异性绝不动情？我相信，如果你足够诚实，回答基本上也是否定的。这么说来，爱情又很难是专一的了。

那么，爱情到底是不是专一的呢？

首先肯定一点：当我们与一个人真正相爱时，我们要求他（她）全心全意地爱自己，这个要求是合理的。如果他对别的异性也动情，我们就会妒火中烧，这种嫉妒的情绪也是正常的，不可简单地斥为心胸狭隘或占有欲太强。问题在于，在这种情形下，我们对既有爱情的信心必然会发生动摇。第一，爱情总是从动情开始的，如果我的爱人对别人动情了，我如何能断定这动情不会发展成爱情呢？第二，爱情和动情的界限也实在难以划清，说到底不过是程度的差别。事实上，我们确实看到，在此类事件中，那越轨的一方无论怎样信誓旦旦，花言巧语，也很难使受委屈的一方相信自己仍是唯一被爱的人。我们也许还有理由假定，每一个人在性爱方面的能量是一个常数，因此，别的方向支出的增加就意味着既有方向投入的减少。这么看来，爱情在本质上要求一种完整性，要求它自身是不可分割的，专一这个要求是包含在爱情的定义之中的。

然而，专一是爱情的本性，却不是人的本性，不是每一个有血有肉的男人和女人的本性。问题就出在这里。当绝色美女海伦出现在特洛亚宫廷上时，所有在场的男人，不管元老还是大臣，都为她的美貌惊呆和激动了，这才是男人的天性。凡是身心健康的男女，我的意思是说，凡是不用一种不自然的观念来压抑自己的男女，在和异性接触时都会有一种和同性接触所没有的愉快感受，有时这种感受还会比较强烈，成为特别的好感，这乃是一个基于性别差异的必然倾向，这个倾向不会因为一个人已经有了情人或结了婚而完全改变。也许热恋中的人会无暇他顾，目中没有别的异性，但是，热恋毕竟不是常态。正是在对异性的这种愉快感受的基础上，动情就成了有时难免会发生的事。

所以，不妨说，天下的男女在不同程度上都是花心的。那么，天下的爱情岂不都岌岌可危了吗？我想不会的，原因是在每一个人身上，一方面固然可能对不止一个异性产生愉悦之感，另一方面却又希望得到专一的爱情，二者之间产生了一种微妙的平衡。在一定的意义上可以说，忠贞的爱情是靠了克制人性的天然倾向才得以成全的。不过，如果双方都珍惜现有的爱情，这种克制就会是自愿的，并不显得勉强。也有一方没有克制住的情形，我的建议是，如果另一方对于彼此的爱情仍怀有基本的信心，就最好本着对人性的理解而予以原谅。要知道，那种绝对符合定义的完美的爱情只存在于童话中，现实生活中的爱情不免有这样或那样的遗憾，但这正是活生生的男人和女人之间的活生生的爱情。当然，万事都有一个限度，如果越轨成为常规，再宽容的人也无法相信爱情的真实存在了，或者有理由怀疑这个风流成性的哥儿姐儿是否具备做伴侣的能力了。

2002.12

情人节

　　一年一度情人节。假如我有一个情人，我把什么送她做礼物呢？

　　那市场上能够买到的东西，我是不会当作礼物送给她的。在市场上购买情人节礼物是现在的时尚，根据钱包的鼓瘪，人们给自己的情人购买情人卡、鲜花、假首饰、真首饰、汽车、别墅等。如果我也这样做，我不过是向时尚凑了一份热闹，参加了一次集体消费活动而已，我看不出这和爱情有什么关系。

　　我要送情人的礼物，必须是和别人不同的。所以，我也不能送她海誓山盟，因为一切海誓山盟都那样雷同。那么，我只能把我心中的沉默的爱送给她了。可是，这沉默的爱一开始就是属于她的了，我又怎么能把本来属于她的东西当作礼物送给她呢？

　　一年一度情人节。假如我有一个情人，我带她去哪里呢？

　　我不会带她去人群聚集的场所。在舞厅、影院、酒吧、游乐场欢度情人节，是现在的又一个时尚。可是，人群聚集之处，只有娱乐者，怎么会有情人呢？在那里，情人不复是情人了，秋波、偎依、抚摸和醉颜都变成了一种娱乐节目。我看不出娱乐场所的喧嚣和爱情有什么关系。

　　我带情人去的地方，必须是别人的足迹到达不了的。它或许是一片密林，就像泰戈尔所说，密林本不该是老年人的隐居地，老年人应该去管理世间营生，而把密林让给浮躁的年轻人经受爱的修炼。只是在今日的嘈杂世界上，哪里还找得到一片这样的密林。那么，我只好把情人带到我宁静的心中了,因为如今这是能使我们避开尘嚣的唯一去处。可是，既然我的心早就接纳了她，我又怎么能把她带往她已经在的地方呢？

一年一度情人节。假如我有一个情人，我不知道给她送什么礼物，把她带往何处。于是我对自己说,让我去看看别的情人们是怎么做的吧。令我惊奇的事情发生了：我到处只看见情人的模仿者和扮演者，却看不见真正的情人。我暗自琢磨其原因，恍然大悟：情人节之在中国，原本就是对西洋习俗的模仿和扮演。

其实，中国也有自己的情人节，但早已被忘却，那是阴历七月初七，牛郎织女鹊桥相会，情人久别重逢的日子。我进一步恍然大悟：节日凭借与平常日子的区别而存在，正是久别使重逢成了节日。既然现在的情人们少有离别，因而不再能体会重逢的喜悦，那作为重逢之庆典的中国情人节不再被盼望和纪念也就是当然的事了。我不反对中国的现代情人过外国的节日，但是，我要提一个合理的建议：如果你们平日常常相聚，那么，在这一天就不要见面了罢，更不要费神为对方购物或者一同想办法寻欢作乐了，因为这些事你们平日做得够多的了，而唯有和平日不同才显得你们是在过节。

1998.12

局外人谈情人节

又要到情人节了吗？我总是听别人提起，然后才明白过来，可见我已经被情人节排除在外了。那么，何妨就作为局外人来议论一下。据我想，真正符合定义的情人，即能够问心无愧地以情人节的主人自居的人，一定是情况各异的，所以应该用不同的方式来过这个节日。如果都是送小礼物或大礼品，都是坐酒吧或听音乐会，未免太缺乏想象力了。我的建议是，不管情况如何，所采取的方式最好都能使这个日子与平时形成鲜明的反差。节日之为节日，就在于打破常规。譬如说，平时各自忙碌的情人，这一天当然应该放下一切俗务，义无反顾地相守，而平时形影不离的情人，这一天却不妨暂时劳燕分飞，体会一下相思的滋味。又譬如说，秘密的情人这一天不妨勇敢亮相，缘尽的情人这一天不妨潇洒分手，如此等等。

那些没有情人的单身男女怎么办呢？从前，按照一切民族古老的传统，一年中最欢乐的节日是属于他们的，那是他们自由寻偶的日子。现在，温室里的情人节取代了田野上的爱神节，实在是一个遗憾。

而且，为什么没有夫妻节呢？情人一旦结了婚，从此就没有自己的节日了吗？不过，倘若真有夫妻节，全世界的夫妻这一天都来海誓山盟，互表忠心，那情形一定非常可笑。所以，还是没有的好。

2002.12

爱使人富有

那是在一个边疆省会的书店里,一个美丽而羞怯的女孩从陈列架上取下最后一本《妞妞》,因为书店经理答应把这本仅剩的样书卖给她,她激动得脸蛋绯红,然后请求我为她写一句话。当时,我就在书的扉页上写下了这句话——

爱使人富有。

这句话写在我的著作《妞妞》上,是对其中讲述的我的人生体验的概括。妞妞是一个昙花一现的小生命,她的到来使我比以往任何时候都更深切地领悟了爱的实质和力量,现在她虽然走了,但因她而获得的爱的体验已经成为我的永远的财富。

这句话写给这个美丽的女孩,又是对她以及许多和她一样的年轻女性的祝愿。在每一个年轻女性的前方,都有长长的爱的故事等待着她们,故事的情节也许简单,也许曲折,结局也许幸福,也许不幸,不论情形如何,我祝愿她们的心灵都将因爱而变得丰富,成为精神上的富有者。

常常听人说:年轻美貌是财富。这对于女性好像尤其如此,一个漂亮女孩有着太多的机会,使人感到前途无量。可是,我知道,如果内心没有对真爱的追求和感悟,机会就只是一连串诱惑,只会引人失足,青春就只是一笔不可靠的财富,很容易被挥霍掉。

常常听人说：爱情会把人掏空。这在遭遇挫折的时候好像尤其如此，倾心相爱的那个人离你而去了，你会顿时感到万念俱灰。可是，我知道，只要你曾经用真心去爱，爱的收获就必定会以某种方式保藏在你的心中，当岁月渐渐抚平了创伤，你就会发现最主要的珍宝并未丢失。

爱是奉献，但爱的奉献不是单纯的支出，同时也必是收获。正是通过亲情、性爱、友爱等这些最具体的爱，我们才不断地建立和丰富了与世界的联系。深深地爱一个人，你借此所建立的不只是与这个人的联系，而且也是与整个人生的联系。一个从来不曾深爱过的人与人生的联系也是十分薄弱的，他在这个世界上生活，但他会感觉到自己只是一个局外人。爱的经历决定了人生内涵的广度和深度，一个人的爱的经历越是深刻和丰富，他就越是深入和充分地活了一场。

如果说爱的经历丰富了人生，那么，爱的体验则丰富了心灵。不管爱的经历是否顺利，所得到的体验对于心灵都是宝贵的收入。因为爱，我们才有了观察人性和事物的浓厚兴趣。因为挫折，我们的观察便被引向了深邃的思考。一个人历尽挫折而仍葆爱心，正证明了他在精神上足够富有，所以输得起。在这方面，耶稣是一个象征，拿撒勒的这个穷木匠一生宣传和实践爱的教义，直到被钉上了十字架仍不改悔，因此而被世世代代的基督徒信奉为精神上最富有的人，即救世主。

2000.11

情爱价值的取舍

如果你有一个相当美满的家庭，你是否就知足了呢？以世俗的标准衡量，你是应该知足了。然而，有时候，你仍会羡慕独身的生活，有充分的自由，那肯定动荡得多，但也似乎丰富得多。你可以和许多不同的异性有亲密的接触，会有许多不同的体验，如此等等。当然，在那种情形下，你会失去现在的平静生活，也不再能够享受家庭的温馨。但是，和一份平静的生活相比，体验的多样性和丰富性不是人生更重要的价值吗？

可是，换一个角度看，专一而持久的婚爱，在此种婚爱呵护下的家庭乐趣和亲子之爱，难道不也是人生最美好的体验之一吗？我们根据什么来比较这两种不同体验的价值呢？

我相信，这类难题始终会在任何一个活跃的心智中潜伏着。

有没有两全之法呢？我认为基本上没有。所以，这归根结底是一个选择的问题，你更看重哪一种价值，你就只好在很大程度上舍弃另一种价值。

2005.12

人性、爱情和天才

一

天才是大自然的奇迹，而奇迹是不可理喻的，你只能期待和惊叹。但是，毛姆的《月亮和六便士》的确非常成功地把一个艺术天才的奇特而原始的灵魂展示给我们看了。

不过，书中描写的天才对爱情的态度，一开始使我有点吃惊。

"生命太短促了，没有时间既闹恋爱又搞艺术。"

"我不需要爱情。我没有时间搞恋爱。这是人性的一个弱点　我只懂得情欲。这是正常的、健康的。爱情是一种疾病。女人是我享乐的工具，我对她们提出什么事业的助手、生活的伴侣这些要求非常讨厌。"

我不想去评论那个结婚十七年之后被思特里克兰德"平白无故"地遗弃的女人有些什么不可原谅的缺点，平庸也罢，高尚也罢，事情反正都一样。勃朗什的痴情够纯真的了，思特里克兰德还是抛弃了她。他对女人有一个不容违拗的要求：别妨碍他搞艺术。如果说痴情是女人的优点，虚荣是女人的缺点，那么不管优点缺点如何搭配，女人反正是一种累赘。所以，最后他在塔希提岛上一个像狗一样甘愿供他泄欲而对他毫无所求的女人身上，找到了性的一劳永逸的寄托。这不是爱情。但这正是他所需要的。他自己强健得足以不患爱情这种疾病，同时他也不能容忍身边有一个患着这种疾病的女人。他需要的是彻底摆脱爱情。

凡是经历过热恋并且必然地尝到了它的苦果的人，大约都会痛感"爱情是一种疾病"真是一句至理名言。可不是吗，这样地如醉如痴，这样地执迷不悟，到不了手就痛不欲生，到了手又嫌乏味。不过，这句话从病人嘴里说出来，与从医生嘴里说出来，意味就不一样了。

毛姆是用医生的眼光来诊视爱情这种人类最盲目癫狂的行为的。医生就能不生病？也许他早年因为这种病差一点丧命，我就不得而知了。我只知道，凡是我所读到的他的小说，几乎都不露声色地把人性肌体上的这个病灶透视给我们看，并且把爱情这种疾病的触媒——那些漂亮的、妩媚的、讨人喜欢的女人——解剖给我们看。

爱情和艺术，都植根于人的性本能。毛姆自己说："我认为艺术也是性本能的一种流露。一个漂亮的女人，金黄的月亮照耀下的那不勒斯海湾，或者提香的名画《墓穴》，在人们心里勾起的是同样的感情。""本是同根生，相煎何太急？"既然爱情和艺术同出一源，思特里克兰德为什么要把它们看作势不两立，非要灭绝爱情而扩张艺术呢？毛姆这样解释："很可能思特里克兰德讨厌通过性行为发泄自己的感情（这本来是很正常的），因为他觉得同通过艺术创造取得自我满足相比，这是粗野的。"可是，这样一来，抹去了爱情色彩的性行为不是更加粗野了吗？如果说性欲是兽性，艺术是神性，那么，爱情恰好介乎其间，它是兽性和神性的混合——人性。为了使兽性和神性泾渭分明，思特里克兰德斩断了那条联结两者的纽带。

也许思特里克兰德是有道理的。爱情，作为兽性和神性的混合，本质上是悲剧性的。兽性驱使人寻求肉欲的满足，神性驱使人追求毫无瑕疵的圣洁的美，而爱情则试图把两者在一个具体的异性身上统一起来，这种统一是多么不牢靠啊。由于自身所包含的兽性，爱情必然激发起一种疯狂的占有欲，从而把一个有限的对象当作目的本身。由于自身所包含的神性，爱情又试图在这有限的对象身上实现无限的美——完美。爱情所包含的这种内在的矛盾在心理上造成了多少幻觉和幻觉的破灭，从而在现实生活中导演了多少抛弃和被抛弃的悲剧。那么，当思特里克兰德不把女人当作目的本身、而仅仅当作手段的时候，他也许是做对了。爱情要求一个人把自己所钟情的某一异性对象当作目的本身，否则就不叫爱情。思特里克兰德把女人一方面当作泄欲的工具，另一方面当作艺术的工具（"她的身体非常美，我正需要画一幅裸体画。等我把画画完了以后，我对她也就没有兴趣了"），唯独不把她当作目的——不把她当作爱的对象。

总之，在思特里克兰德看来，天才的本性中是不能有爱情这种弱点的，而女人至多只是供在天才的神圣祭坛一角的牺牲。女人是烂泥塘，供天才一旦欲火中烧时在其中打滚，把肉体甩掉，从而变得出奇的洁净，轻松自由地遨游在九天之上抚摸美的实体。

二

当我诵读天才们的传记时,我总是禁不住要为他们迥然不同的爱情观而陷入沉思。一方面是歌德、雪莱、海涅,另一方面是席勒、拜伦,他们对待爱情、女人的态度形成了鲜明的对照。

是的,还有另一种天才,天才对待爱情还有另一种态度。

就说说雪莱吧。这位诗歌和美德的精灵,他是怎样心醉神迷而又战战兢兢地膜拜神圣的爱情啊,他自己是个天使,反过来把女人奉若神明,为女性的美罩上一层圣洁的光辉。当然,理想的薄雾迟早会消散,当他面对一个有血有肉的女子时,他不免会失望。但是他从来没有绝望,他的爱美天性驱使他又去追逐和制造新的幻影。

拜伦和毛姆笔下的思特里克兰德属于同一个类型。他把女人当作玩物,总是在成群美姬的簇拥下生活,可又用最轻蔑的言辞评论她们。他说过一句刻薄然而也许真实的话:"女人身上令人可怕的地方,就是我们既不能与她们共同生活,又不能没有她们而生活。"

我很钦佩拜伦见事的透彻,他尽情享受女色,却又不为爱情所动。然而,在艺术史上,这样的例子实属少数。如果说爱情是一种疾病,那么,艺术家不正是人类中最容易感染这种疾病的种族吗?假如不是艺术家的神化,以及这种神化对女性的熏陶作用,女性美恐怕至今还是一种动物性的东西,爱情的新月恐怕至今还没有照临肉欲的峡谷。当然,患病而不受折磨是不可能的,最炽烈的感情总是导致最可怕的毁灭。谁能举出哪怕一个艺术天才的爱情以幸福告终的例子来呢？爱情也许真的是一种疾病，而创作就是它的治疗。这个爱情世界里病弱的种族奋起自救了，终于成为艺术世界里的强者。

诸如思特里克兰德、拜伦这样的天才，他们的巨大步伐把钟情于他们的女子像路旁无辜的花草一样揉碎了，这诚然没有给人类艺术史带来任何损失。可是，我不知道，假如没有冷热病似的情欲，没有对女子的一次次迷恋和失恋，我们怎么能读到海涅那些美丽的小诗。我不知道，如果七十四岁的老歌德没有爱上十七岁的乌丽莉卡，他怎么能写出他晚年最著名的诗篇《马里耶巴德哀歌》。我不知道，如果贝多芬没有绝望地同时也是愚蠢地痴迷于那个原本不值得爱的风骚而自私的琪丽哀太，世人怎么能听到《月光奏鸣曲》。天哪，这不是老生常谈吗

在艺术家身上，从性欲到爱情的升华差不多是天生的，从爱情到艺术的升华却非要经历一番现实的痛苦教训不可。既然爱情之花总是结出苦果，那么，干脆不要果实好了。艺术是一朵不结果实的花，正因为不结果实而更显出它的美来，它是以美为目的本身的自为的美。在爱情中，兼为肉欲对象和审美对象的某一具体异性是目的，而目的的实现便是对这个对象的占有。然而，占有的结果往往是美感的淡化甚至丧失。不管人们怎么赞美柏拉图式的精神恋爱，不占有终归是违背爱情的本性的。"你无论如何要得到它，否则就会痛苦。"当你把异性仅仅当作审美对象加以观照，并不因为你不能占有她而感到痛苦时，你已经超越爱情而进入艺术的境界了。艺术滤净爱情的肉欲因素，使它完全审美化，从而实

现了爱情的自我超越。

如果以为这个过程在艺术家身上是像一个简单的物理学实验那样完成的,那就错了。只有真实的爱情才能升华为艺术,而真实的爱情必然包含着追求和幻灭的痛苦。首先是疾病,然后才是治疗。首先是维特,然后才是歌德。爱情之服役于艺术是大自然的一个狡计,不幸的钟情者是不自觉地成为值得人类庆幸的艺术家的。谁无病呻吟,谁就与艺术无缘。

这样,在性欲与艺术的摒弃爱情纽带的断裂之外,我们还看到另一类艺术天才。他们正是通过爱情的中介而从性欲升华到艺术的。

三

自古以来,爱情所包含的可怕的酒神式的毁灭力量总是引起人们的震惊。希腊人早就发出惊呼:"爱情真是人间莫大的祸害!"阿耳戈的英雄伊阿宋曾经祈愿人类有旁的方法生育,那样,女人就可以不存在,男人就可以免受痛苦。歌德尽管不断有所钟情,可是每当情欲的汹涌使他预感到灭顶之灾时,他就明智地逃避了。没有爱情,就没有歌德。然而同样真实的是,陷于爱情而不能自拔,也不会有歌德,他早就像维特一样轻生殉情了。

也许爱情和艺术所包含的力是同一种力,在每个人身上是常数。所以,对艺术天才来说,爱情方面支出过多总是一种浪费。爱情常常给人一种错觉，误以为对美的肉体的占有就是对美的占有。其实，美怎么能占有呢？美的本性与占有是格格不入的。占有者总是绝望地发现，美仍然在他之外，那样转瞬即逝而不可捉摸。占有欲是性欲满足方式的一种错误的移置，但它确实成了艺术的诱因。既然不能通过占有来成为美的主人，那就通过创造吧。严肃的艺术家绝不把精力浪费在徒劳的占有之举上面，他致力于捕捉那转瞬即逝的美，赋予它们以形式，从而实现创造美的崇高使命。

只有少数天才能够像思特里克兰德那样完全抛开爱情的玫瑰色云梯，从最粗野的肉欲的垃圾堆平步直登纯粹美的天国。对于普通人来说，抽掉这架云梯，恐怕剩下的只有垃圾堆了。个体发育中性意识与审美心理的同步发生，无论如何要求为爱情保留一个适当的地位。谁没有体验过爱情所诱发出的对美的向往呢？有些女人身上有一种有灵性的美，她不但有美的形体，而且她自己对大自然和生活的美有一种交感。当你那样微妙地对美产生共鸣时，你从她的神采中看到的恰恰是你对美的全部体验，而你本来是看不到、甚至把握不住你的体验的。这是怎样的魅力啊，无意识的、因为难以捕捉和无法表达而令人苦恼的美感，她不是用语言，而是用她的有灵性的美的肉体，用眼睛、表情、姿势、动作，用那谜样的微笑替你表达出来，而这一切你都能看到。这样的时刻实在太稀少了，我始终认为它们是爱情中最有价值的东西，所谓爱情的幸福就寓于这些神秘的片刻之中了。也许这已经不是爱情，而是艺术了。

确切地说，爱情不是人性的一个弱点，爱情就是人性，它是两性关系剖面上的人性。凡人性所具有的优点和弱点，它都具有。人性和爱情是注定不能摆脱动物性的根柢的。在人性的国度里，兽性保持着它世袭的领地，神性却不断地开拓新的疆土，大约这就是人性的进步吧。就让艺术天才保留他们恶魔似的兽性好啦，这丝毫不会造成人性的退化，这些强有力的拓荒者们，他们每为人类发现和创造一种崭新的美，倒确确凿凿是在把人性推进一步哩。

可是，美是什么呢？这无底的谜，这无汁的丰乳，这不结果实的花朵，这疲惫香客心中的神庙　　最轻飘、最无质体的幻影成了压在天才心上最沉重的负担，他一生都致力于卸掉这个负担。为了赋予没有意义的人生以一种意义，天才致力于使虚无获得实体，使不可能成为可能。美的创造中分娩的阵痛原来是天才替人类的原罪受罚，天才的痛苦是人生悲剧的形而上本质的显现。

好了，现在你们知道几乎一切艺术天才的爱情遭遇（倘若他有过这种遭遇的话）都是不幸的原因了吗？与天才相比，最富于幻想的女子也是过于实际的。

1983.12

在维纳斯脚下哭泣

  一八四八年五月,海涅五十一岁,当时他流亡巴黎,贫病交加,久患的脊髓病已经开始迅速恶化。怀着一种不祥的预感,他拖着艰难的步履,到罗浮宫去和他所崇拜的爱情女神告别。一踏进那间巍峨的大厅,看见屹立在台座上的维纳斯雕像,他就禁不住号啕痛哭起来。他躺在雕像脚下,仰望着这个无臂的女神,哭泣良久。这是他最后一次走出户外,此后瘫痪在床八年,于五十九岁溘然长逝。

  海涅是我十八岁时最喜爱的诗人,当时我正读大学二年级,我把这位德国诗人的几本诗集拿在手里翻来覆去地吟咏,自己也写了许多海涅式的爱情小诗。可是,在那以后,我便与他阔别了,三十多年里几乎没有再去探望过他。最近几天,因为一种非常偶然的机缘,我又翻开了他的诗集。现在我已经超过了海涅最后一次踏进罗浮宫的年龄,这个时候读他,就比较懂得他在维纳斯脚下哀哭的心情了。

  海涅一生写得最多的是爱情诗,但是他的爱情经历说得上悲惨。他的恋爱史从他爱上两个堂妹开始,这场恋爱从一开始就是无望的,两姐妹因为他的贫寒而从未把他放在眼里,先后与凡夫俗子成婚。然而,正是这场单相思成了他的诗才的触媒,使他的灵感一发不可收拾,写出了大量脍炙人口的诗歌,奠定了他在德国的爱情诗之王的地位。可是,虽然在艺术上得到了丰收,屈辱的经历却似乎在他的心中刻下了永久的伤痛。在他诗名业已大振的壮年,他早年热恋的两姐妹之一苔莱丝特意来访他,向他献殷勤。对于这位苔莱丝,当年他曾献上许多美丽的诗,最有名的一首据说先后被音乐家们谱成了250种乐曲,我把它引在这里——

　　你好像一朵花,

　　这样温情,美丽,纯洁;

　　我凝视着你,我的心中

　　不由涌起一阵悲切。

　　我觉得,我仿佛应该

　　用手按住你的头顶,

　　祷告天主永远保你

　　这样纯洁,美丽,温情。

真是太美了。然而,在后来的那次会面之后,他写了一首题为《老蔷薇》的诗,大意是说:她曾是最美的蔷薇,那时她用刺狠毒地刺我,现在她枯萎了,刺我的是她下巴上那颗带硬毛的黑痣。结语是:"请往修道院去,或者去用剃刀刮一刮光。"把两首诗放在一起,其间的对比十分残忍,无法相信它们是写同一个人的。这首诗实在恶毒得令人吃惊,不过我知道，它同时也真实得令人吃惊，最诚实地写下了诗人此时此刻的感觉。

　　对两姐妹的爱恋是海涅一生中最投入的情爱体验，后来他就不再有这样的痴情了。我们不妨假设，倘若苔莱丝当初接受了他的求爱，她人老珠黄之后下巴上那颗带硬毛的黑痣还会不会令他反感？从他对美的敏感来推测，恐怕也只是程度的差异而已。其实，就在他热恋的那个时期里，他的作品就已常含美易消逝的忧伤，上面所引的那首名诗也是例证之一。不过，在当时的他眼里，美正因为易逝而更珍贵，更使人想要把它挽留住。他当时是一个痴情少年，而痴情之为痴情，就在于相信能使易逝者永存。对美的敏感原是这种要使美永存的痴情的根源，但是，它同时又意味着对美已经消逝也敏感，因而会对痴情起消解的作用，在海涅身上发生的正是这个过程。后来，他好像由一个爱情的崇拜者变成了一个爱情的嘲讽者，他的爱情诗出现了越来越强烈的自嘲和讽刺的调子。嘲讽的理由却与从前崇拜的理由相同，从前，美因为易逝而更珍贵，现在，却因此而不可信，遂使爱情也成了只能姑妄听之的谎言。这时候，他已名满天下，在风月场上春风得意，读一读《群芳杂咏》标题下的那些猎艳诗吧，真是写得非常轻松潇洒，他好像真的从爱情中拔出来了。可是，只要仔细品味，你仍可觉察出从前的那种忧伤。他自己承认："尽管饱尝胜利滋味，总缺少一种最要紧的东西"，就是"那消失了的少年时代的痴情"。由对这种痴情的怀念，我们可以看出海涅骨子里仍是一个爱情的崇拜者。

在海涅一生与女人的关系中，事事都没有结果，除了年轻时的单恋，便是成名以后的逢场作戏。唯有一个例外，就是在流亡巴黎后与一个他名之为玛蒂尔德的鞋店女店员结了婚。我们可以想见，在他们之间毫无浪漫的爱情可言。海涅年少气盛时曾在一首诗中宣布，如果他未来的妻子不喜欢他的诗，他就要离婚。现在，这个女店员完全不通文墨，他却容忍下来了。后来的事实证明，在他瘫痪卧床以后，她不愧是一个任劳任怨的贤妻。在他最后的诗作中，有两首是写这位妻子的，读了真是令人唏嘘。一首写他想象自己的周年忌日，妻子来上坟，他看见她累得脚步不稳，便嘱咐她乘出租车回家，不可步行。另一首写他哀求天使，在他死后保护他的孤零零的遗孀。这无疑是一种生死相依的至深感情，但肯定不是他理想中的爱情。在他穷困潦倒的余生，爱情已经成为一种遥远的奢侈。

即使在诗人之中，海涅的爱情遭遇也应归于不幸之列。但是，我相信问题不在于遭遇的幸与不幸，而在于他所热望的那种爱情是根本不可能实现的。在他的热望中，世上应该有永存的美，来保证爱的长久，也应该有长久的爱，来保证美的永存。在他五十一岁的那一天，当他拖着病腿走进罗浮宫的时候，他在维纳斯脸上看到的正是美和爱的这个永恒的二位一体，于是最终确信了自己的寻求是正确的。但是，他为这样的寻求已经筋疲力尽，马上就要倒下了。这时候，他一定很盼望女神给他以最后的帮助，却瞥见了女神没有双臂。米罗的维纳斯在出土时就没有了双臂，这似乎是一个象征，表明连神灵也不拥有在人间实现最理想的爱情的那种力量。当此之时，海涅是为自己也为维纳斯痛哭，他哭他对维纳斯的忠诚，也哭维纳斯没有力量帮助他这个忠诚的信徒。

2001.1

爱情形而上学
——读史铁生《务虚笔记》的笔记之三

一

《务虚笔记》问世后,史铁生曾经表示,他不反对有人把它说成一部爱情小说。他解释道,他在小说中谈到的"生命的密码",那隐秘地决定着人物的性格并且驱使他们走上了不同的命运之路的东西,是残缺也是爱情。那么,残缺与爱情,就是史铁生对命运之谜的一个比较具体的破译了。

残缺即残疾,史铁生是把它们用作同义词的。有形的残疾仅是残缺的一种,在一定的意义上,人人皆患着无形的残疾,只是许多人对此已经适应和麻木了而已。生命本身是不圆满的,包含着根本的缺陷,在这一点上无人能够幸免。史铁生把残缺分作两类:一是个体化的残缺,指孤独;另一是社会化的残缺,指来自他者的审视的目光,由之而感受到了差别、隔离、恐惧和伤害。我们一出生,残缺便已经在我们的生命中隐藏着,只是必须通过某种契机才能暴露出来,被我们意识到。在一个人的生活历程中,那个因某种契机而意识到了人生在世的孤独、意识到了人与人之间的差别和隔离的时刻是重要的,其深远的影响很可能将贯穿终生。在《务虚笔记》中,作者在探寻每个人物的命运之路的源头时,实际上都是追溯到了他们生命中的这个时刻。人物的"生日"各异,却都是某种创伤经验,此种安排显然出于作者的自觉。无论在文学中,还是在生活中,真正的个性皆诞生于残缺意识的觉醒,凭借这一觉醒,个体开始从世界中分化出来,把自己与其他个体相区别,逐渐形成为独立的自我。

有残缺便要寻求弥补,"恰是对残缺的意识,对弥补它的近乎宗教般痴迷的祈祷",才使爱情呈现。因此,在残缺与爱情两者中,残缺是根源,它造就了爱的欲望。不同的人意识到残缺的契机、程度、方式皆不同,导致对爱情的理解和寻爱的实践也不同,由此形成了不同的命途。

所谓寻求弥补,并非通常所说的在性格上互补。这里谈论的是另一个层次上的问题,残缺不是指缺少某一种性格或能力,于是需要从对方身上取长补短。残缺就是孤独,寻求弥补就是要摆脱孤独。当一个孤独寻找另一个孤独时,便有了爱的欲望。可是,两个孤独到了一起就能够摆脱孤独了吗?

有两种不同的孤独。一种是形而上的孤独,即人发现自己的生存在宇宙间没有根据,如海德格尔所说的"嵌入虚无"。这种孤独当然不是任何人间之爱能够解除的。另一种是社会性的孤独,它驱使人寻求人间之爱。然而,正如史铁生指出的,寻求爱就不得不接受他人目光的判定,而他人的目光还判定了你的残缺。因此,"海誓山盟仅具现在性,这与其说是它的悲哀,不如说是它的起源。"他人的不可把握,自己可能受到的伤害，使得社会性的孤独也不能真正消除。由此可见，残缺是绝对的，爱情是相对的。孤独之不可消除，残缺之不可最终弥补，使爱成了永无止境的寻求。在这条无尽的道路上奔走的人，最终就会看破小爱的限度，而寻求大爱，或者——超越一切爱，而达于无爱。

二

对于爱情的根源，可以有两种相反的解说，一种是因为残缺而寻求弥补，另一种是因为丰盈而渴望奉献。这两种解说其实并不互相排斥。越是丰盈的灵魂，往往越能敏锐地意识到残缺，有越强烈的孤独感。在内在丰盈的衬照下，方见出人生的缺憾。反之，不谙孤独也许正意味着内在的贫乏。一个不谙孤独的人很可能自以为完满无缺，但这与内在的丰盈完全是两回事。

在实际生活中，我们可以看到不同的排列组合：

1. 完满者爱残缺者。表现为征服和支配，或怜悯和施舍，皆不平等。

2. 残缺者爱完满者。表现为崇拜或依赖，亦不平等。

3. 完满者爱完满者。双方或互相欣赏，或彼此较量，是小平等。

4. 残缺者爱残缺者。分两种情形：①相濡以沫，同病相怜，是小平等；②知一切生命的残缺，怀着对神的谦卑，以大悲悯之心而爱，是大平等。此项包含了爱的最低形态和最高形态。

在《务虚笔记》中，女教师O与她不爱的前夫离婚，与她崇拜的画家 Z 结合。此后，一个问题始终折磨着她：爱的选择基于差异，爱又要求平等，如何统一？她因这个问题而自杀了。O 的痛苦在于，她不满足于 4①，而去寻求 2，又不满足于 2，而终于发现了 4②。可是，性爱作为世俗之爱确是基于差异的，所能容纳的只是小平等或者不平等，容纳不了大平等。要想实现大平等，只有放弃性爱，走向宗教。O 不肯放弃性爱，所以只好去死。

三

在小说中，作者借诗人 L 这个人物对于性爱问题进行了饶有趣味的讨论。诗人是性爱的忠实信徒，如同一切真正的信徒一样，他的信仰使他陷入了莫大的困惑。他感到困惑的问题主要有二。其一，既然爱情是美好的，多向的爱为什么不应该？作者的结论是，不是不应该，而是不可能。那么，其二，在只爱一个人的前提下，多向的性吸引是否允许？作者的结论是，不是允许与否的问题，而是必然的，但不应该将之实现为多向的性行为。

让我们依次来讨论这两个问题。

诗人曾经与多个女人相爱。他的信条是爱与诚实，然而，在这多向的爱中，诚实根本行不通，他不得不生活在谎言中。每个女人都向他要求"最爱"，都要他证明自己与别的女人的区别，否则就要离开他。其实他自己向每个女人要求的也是这个"最爱"和区别，设想一下她们也是一视同仁地爱多个男人而未把他区别出来，他就感到自己并未真正被爱，为此而受不了。性爱的现实逻辑是，每一方都向对方要求"最爱"，即一种与对方给予别人的感情有别的特殊感情，这种相互的要求必然把一切"不最爱"都逼成"不爱"，而把"最爱"限定为"只爱"。

至此为止，多向的爱之不可能似乎仅是指现实中的不可能，而非本性上的不可能。也就是说，不可能只是因为各方都不能接受对方的爱是多向的，于是不得不互相让步。如果撇开这个接受的问题，一人是否可能爱上多人呢？爱情的专一究竟有无本性上的根据？史铁生认为有，他的解释是：孤独创造了爱情，多向的爱情则使孤独的背景消失，从而使爱情的原因消失。我说一说对他的这一解释的理解——

人因为孤独而寻求爱情。寻求爱情，就是为自己的孤独寻找一个守护者。他要寻找的是一个忠实的守护者，那人必须是一心一意的，否则就不能担当守护他的孤独的使命。为什么呢？因为每一个孤独都是独特的，而在一种多向的照料中，它必丧失此独特性，沦为一种一般化的东西了。形象地说，就好比一个人原想为自己的孤独寻找一个母亲，结果却发现是把它送进了托儿所里，成了托儿所阿姨所照料的众多孩子中的一个普通孩子。孤独和爱情的寻求原本凝聚了一个人的沉重的命运之感，来自对方的多向的爱情则是对此命运之感的蔑视，把本质上的人生悲剧化作了轻浮的社会喜剧。与此同理，一个人倘若真正是要为自己的孤独寻找守护者，他所要寻找的必是一个而非多个守护者。诚然他可能喜欢甚至迷恋不止一个异性，但是，在此场合，他的孤独并不真正出场，毋宁说是隐藏了起来，躲在深处旁观着它的主人逢场作戏。唯有当他相信自己找到了一个人，他能够信任地把自己的孤独交付那人守护之时，他才是认真地在爱。所以，在我看来，所谓爱情的专一不是一个外部强加的道德律令，只应从形而上的层面来理解其含义。按照史铁生的一个诗意的说法，即爱情的根本愿望是"在陌生的人山人海中寻找一种自由的盟约"。

四

诗人L后来吸取了教训，不再试图实行多向的爱情，而成了一个真诚的爱者，最爱甚至只爱一个女人。然而，作为"好色之徒"，他仍对别的可爱女人充满着性幻想，作为"诚实的化身"，他又向他的恋人坦白了这一切。于是，他受到了恋人的"拷问"，结果是他理屈，恋人则理直气壮地离开了他。

"拷问"之一——

我们是在美术馆里极其偶然地相遇的。我迷路了，推开了右边的而不是左边的门，这才有我们的相遇。如果没有遇到我，你一定会遇到另一个女人的。结论：我对于你是一个偶然，女人对你来说才是必然。推论：你对我有的只是情欲，不是爱情。进一步的推论：你说只爱我是一个谎言。

这一"拷问"的前半部分无可辩驳，诗人和这位恋人的相遇的确完全是偶然的。可是,在这世界上,谁和谁的相遇不是偶然的呢?分歧在于对偶然的评价。在茫茫人海里,两个个体相遇的几率只是千千万万分之一,而这两个个体终于极其偶然地相遇了。我们是应该因此而珍惜这个相遇呢,还是因此而轻视它们?假如偶然是应该蔑视的,则首先要遭到蔑视的是生命本身,因为在宇宙永恒的生成变化中,每一个生命诞生的几率几乎等于零。然而,倘若一个偶然诞生的生命竟能成就不朽的功业,岂不更证明了这个生命的伟大?同样,世上并无命定的情缘,凡缘皆属偶然,好的情缘的魔力岂不恰恰在于,最偶然的相遇却唤起了最深刻的命运之感?诗人的恋人显然不懂得珍惜偶然的价值。

"拷问"的后半部分涉及到爱情的复合结构。在精神的、形而上的层面上,爱情是为自己的孤独寻找一个守护者。在世俗的、形而下的层面上,爱情又是由性欲发动的对异性的爱慕。现实中的爱情是这两种冲动的混合,表现为在异性世界里寻找那个守护者。在异性世界里寻找是必然的,找到谁则是偶然的。所以,恋人所谓"我对于你是一个偶然,女人对你来说才是必然"确是事实。但是,她的推论却错了。因为当诗人不只是把她作为一个异性来爱慕,而且认定她就是那个守护者之时,这就已经是爱情而不仅仅是情欲了。爱情与情欲的区别就在于是否包含了这一至关重要的认定。当然,诗人的恋人可以说:既然这一认定是偶然的,因而是完全可能改变的,我怎么能够对此寄予信任呢?我们不能说她的不信任没有道理,于是便有了"拷问"之二和诗人的莫大困惑。

五

"拷问"之二——

你对别的女人的性幻想没有实现,只是因为你不敢。(申辩:不是不敢,是不想,不想那样做,也不想那样想。)如果能实现,我和她们的区别还有什么呢?("可我并不想实现,这才是区别。我只要你一个,这就是证明。")幻想之为幻想,就不是"不想"实现,而只是"不能"或"尚未"实现。

诗人糊涂了。他无力地问:"曾经对你来说,我与别的男人的区别是什么?"回答是铿锵有力的:"看见他们就想起你,看见你就忘记了他们。"她大义凛然地离开了他。作者问:这就是"看见你就忘记了他们"吗?

作者在这里显然是同情诗人而批评恋人的。借用他在散文《爱情问题》中一个更清晰的表达,他对此问题的分析大致是:①性是多指向的,与爱的专一未必不可共存;②她把自己仅仅放在了性的位置上,在这个位置上她与别的女人才是可比的;③他没有因众多的性吸引而离开她,她却因性嫉妒而离开了他,正证明了他立足于爱而她立足于性。

可是,诗人用什么来证明自己对恋人的感情是爱情,而不只是多向情欲中之一向,与其他诸向的区别仅在它是实现了的一向而已?作者认为,这样的证明已经存在,有多向的性幻想而不去实现,不想去实现,这本身就是爱的证明。使爱情受到质疑的不是多向的性吸引，而是多向的性行为。作者并非站在道德的立场上反对多向的性行为，他的理由完全是审美性质的。他说，性行为中的呼唤和应答，渴求和允许，拆除防御和互相敞开，极乐中忘记你我仿佛没有了差别的境界，凡此种种，使性行为的形式与爱同构，成为爱的最恰当的语言。正是在性行为中，人用肉体淋漓尽致地表达了摆脱孤独的愿望。在此意义上，"是人对残缺的意识，把性炼造成了爱的语言，把性爱演成心魂相互团聚的仪式。"性是"上帝为爱情准备的仪式"。因此，爱者绝不可滥用这种仪式，滥用会使爱失去了最恰当的语言。

　　在我看来，史铁生为贞洁提出了最有说服力的理由。性是爱侣之间示爱的最热烈也最恰当的语言，对于他们来说，贞洁之所以必要，是为了保护这语言，不让它被污染从而丧失了示爱的功能。所以，如果一个人真的在爱，他就应该自愿地保持贞洁。反过来说，自愿的贞洁也就能够证明他在爱。然而，深入追究下去，问题要复杂得多。诗人的恋人有一句话在逻辑上是不容反驳的，难怪把诗人说糊涂了：幻想之为幻想，就不是"不想"实现，而只是"不能"或"尚未"实现。如果说爱情保证了一个人不把多向的性幻想付诸实现，那么，又有什么能保证爱情呢？如果爱情本身是不可靠的，那么，我们怎么能相信它所保证的东西是可靠的呢？一旦爱情发生变化，那些现在"不想"实现的性幻想岂不就有了实现的理由？事实上，确实没有任何东西能够保证爱情。问题在于，使爱情区别于单纯情欲的那个精神内涵，即为自己的孤独寻找一个守护者的愿望，其实是不可能在某一个异性身上获得最终的实现的，否则就不成其为形而上。作为不可能最终实现的愿望，不管当事人是否觉察和肯否承认，它始终保持着开放性，而这正好与多向的性兴趣在形式上相吻合。因此，恋爱中的人完全不能保证，他一定不会从不断吸引他的众多异性中发现另一个人，与现在这个恋人相比，那人才是他梦寐以求的守护者。也因此，他完全无法证明，他对现在这个恋人的感情是真正的爱情而不是化装为爱情的情欲。

也许爱情的困难在于，它要把性质截然不同的两种东西结合在一起，反而使它们混淆不清了。假如一个人看清了那种形而上的孤独是不可能靠性爱解除的，于是干脆放弃这徒劳的努力，把孤独收归己有，对异性只以情欲相求，会如何呢？把性与爱拉扯在一起，使性也变得沉重了。诚如史铁生所说，性作为爱的语言，它不是赤裸地表白爱的真诚、坦荡，就是赤裸地宣布对爱的蔑视和抹杀。那么，把性和爱分开，不再让它宣告爱或不爱，使它成为一种中性的东西，是否轻松得多？失恋以后，诗人确实这样做了，他与一个个女人上床，只要性，不说爱，互相都不再问"区别"，都没有历史，试图回到乐园，如荒原上那些自由的动物。但是，结果却是更加失落，在无爱的性乱中，被排除在外的灵魂愈发成了无家可归的孤魂。人有灵魂，灵魂必寻求爱，这注定了人不可能回到纯粹的动物状态。那么，承受性与爱的悖论便是人无可避免的命运了。

1998.8

爱情学大纲

序

有人类就有爱情。它激动着世世代代的人心，给人以欢乐，也给人以痛苦，使得一些人疯狂，使得另一些人毁灭，留下了优美的诗篇，也留下了悲痛的传说。

可是，有昆虫学，有皮肤病学，却没有爱情学。好像爱情还不如昆虫、皮肤病重要！

哲学

艺术的永恒主题，哲学的空白领域。

哲学应该是对人的心灵最易为之激动的问题的一种冷静的思考。越是激动人心的问题，越有权获得哲学的探讨。

爱情不正是这样的问题吗？

对爱情问题无动于衷的哲学是经院哲学，教会哲学，修道院哲学。

哲学家呵，走下讲台，到飘散着丁香花气息的林荫小路上去吧。

词义学（一）

不是崇拜，不是尊敬，不是钦佩，不是同情，不是志同道合，不是趣味相投，甚至也不是相互的理解，心灵的共鸣。

在爱情之外，这一切不是也能发生吗？

也许爱情包含这一切，确切地说，伴随着这一切，但不是它们中的任何一个，也不是它们的总和。

爱情就是爱情，它是它自己的本质。

词义学（二）

你一定要一个定义？好吧，如果你不嫌弃空话，我可以满足你的要求。

爱情是两性之间的一种不可遏制的依恋之情，"它是一种痛苦的和倔强的感情，因为我们无论如何要得到它，不然会悲哀。"

结构学

爱情是一个整体，它包含多种要素。

生理要素：性欲。

一般心理要素：对异性体态、容貌、风度、性情、气质等的倾慕。

特殊心理要素：基于个人经历和个人心理特征的选择性。

文化要素：个体文明发展程度的一致和随之而来的精神生活的和谐。

较低级的要素在日常生活中越是容易得到满足，较高级的要素就越能发生支配作用，爱情就越完整。

生理学

它当然不是光荣，但也绝不是羞耻。它是一种巨大的力量。

在人类的一切感情中，唯有爱情有着持久的肉欲基础，这使它占据了得天独厚的优势地位。

心理学

爱情必包含基于性别特征的心理上的互相吸引，性别特征的差异越大，彼此的吸引力就越大。一个人在体态、风度、性格等方面越是富于性别特征，就越能激起异性的爱慕。

对于爱情的判断，需要有自身经验的比较作依据。一个从不接触异性的人，很可能把对闯入自己生活的第一个异性的好感误认作爱情。两性之间自由而无拘束的交往，能够帮助人们把一般的好感同真正的爱情区别开来。

精神现象学

爱情不论幸与不幸，都能刺激起人的精神创造力。不过，想从所爱的这一个人身上获得多方面精神需要的满足，却是对爱情的挑剔。

美学（一）

爱是人的价值，美是世界的价值。

是美产生爱，还是爱产生美？是世界创造人，还是人创造世界？一个虚假的问题。

离开人，就没有世界，只有物质。离开爱，就没有美，只有结构。

世界是人的对象化，美是爱的对象化。

爱是心灵的美，美是大自然的爱。

美学（二）

外貌的美仅仅使人悦目，神态和风度的美却震撼人的心魂。

面对同样的美，一颗心沉醉了，另一颗心却破碎了。美也要有知音。

价值论

当一切往事都消失在岁月的昏暗背景中的时候,你点燃了回忆的烛火,最先浮现在你眼前的不正是那些钟情的时刻吗?这些时刻是那样值得怀恋,以至于你会觉得,其余的日子都是在对这些时刻的期待和追念中度过的。

于是,你会情不自禁地说:

爱情是人生的主要价值,是生活轨迹上的闪光的点。

逻辑学

"在所有的自然力量中,爱情的力量最不受约束和阻拦,因为它只会自行毁灭,绝不会被别人的意见所扭转打消。"

伦理学

在两性关系中,爱情就是至善,就是道德。爱情是婚姻的良心。

只有不道德的婚姻,没有不道德的爱情。

"忠于爱情"是一个自相矛盾的命题。"爱"与"忠"是相反的道德规范。爱情自己即是自己的保证,仅靠忠贞维系的绝不是爱情。

社会学

我们这里的每个年轻人都会面临一个难题:必须决定是否要同那个自己从未与之共同生活过的人共同生活一辈子。一切通过试验,唯独"终身大事"不允许试验。

在较好的情况下,家庭不过是爱情的化石。

为了家庭而牺牲爱情,为了"工作"而牺牲家庭,——为了爱情,必须改造这样的社会。

1980.5

爱情的容量

给爱情划界时不妨宽容一些，以便为人生种种美好的遭遇保留怀念的权利。

让我们承认，无论短暂的邂逅，还是长久的纠缠，无论相识恨晚的无奈，还是终成眷属的有情，无论倾注了巨大激情的冲突，还是伴随着细小争吵的和谐，这一切都是爱情。每个活生生的人的爱情经历不是一座静止的纪念碑，而是一道流动的江河。当我们回顾往事时，我们自己不必否认，更不该要求对方否认其中任何一段流程、一条支流或一朵浪花。

爱情不论短暂或长久，都是美好的。甚至陌生异性之间毫无结果的好感，定睛的一瞥，朦胧的激动，莫名的惆怅，也是美好的。因为，能够感受这一切的那颗心毕竟是年轻的。生活中若没有邂逅以及对邂逅的期待，未免太乏味了。人生魅力的前提之一是，新的爱情的可能性始终向你敞开着，哪怕你并不去实现它们。如果爱情的天空注定不再有新的云朵飘过，异性世界对你不再有任何新的诱惑，人生岂不太乏味了？

不要以成败论人生，也不要以成败论爱情。

现实中的爱情多半是失败的，不是败于难成眷属的无奈，就是败于终成眷属的厌倦。然而，无奈留下了永久的怀恋，厌倦激起了常新的追求，这又未尝不是爱情本身的成功。

说到底，爱情是超越于成败的。爱情是人生最美丽的梦，你能说你做了一个成功的梦或失败的梦吗？

我不相信人一生只能爱一次，我也不相信人一生必须爱许多次。次数不说明问题。爱情的容量即一个人的心灵的容量。你是深谷，一次爱情就像一道江河，许多次爱情就像许多浪花。你是浅滩，一次爱情只是一条细流，许多次爱情也只是许多泡沫。

爱情既是在异性世界中的探险，带来发现的惊喜，也是在某一异性身边的定居，带来家园的安宁。但探险不是猎奇，定居也不是占有。毋宁说，好的爱情是双方以自由为最高赠礼的洒脱，以及绝不滥用这一份自由的珍惜。

世上并无命定的姻缘，但是，那种一见倾心、终生眷恋的爱情的确具有一种命运般的力量。

爱情是盲目的，只要情投意合，仿佛就一美遮百丑。爱情是心明眼亮的，只要情深意久，确实就一美遮百丑。

一个爱情的生存时间或长或短，但必须有一个最短限度，这是爱情之为爱情的质的保证。小于这个限度，两情无论怎样热烈，也只能算作一时的迷恋，不能称作爱情。

初恋的感情最单纯也最强烈，但同时也最缺乏内涵。因此，尽管人们难以忘怀自己的初恋经历，却又往往发现可供回忆的东西很少。

我相信成熟的爱情是更有价值的，因为它是全部人生经历发出的呼唤。

真正富有人道精神的人，所拥有的不是那种浅薄的仁慈，也不是那种空洞的博爱，而是一种内在的精神上的丰富。因为丰富，所以能体验一切人间悲欢。也因为丰富，所以对情感的敏锐感应不会流于病态纤巧。他细腻而不柔弱，有力而不冷漠，这是一颗博大至深的心灵。

爱的距离

要亲密,但不要无间。人与人之间必须有一定的距离,相爱的人也不例外。婚姻之所以容易终成悲剧,就因为它在客观上使得这个必要的距离难以保持。一旦没有了距离,分寸感便丧失。随之丧失的是美感、自由感、彼此的宽容和尊重,最后是爱情。

爱可以抚慰孤独,却不能也不该消除孤独。如果爱妄图消除孤独,就会失去分寸,走向反面。

分寸感是成熟的爱的标志,它懂得遵守人与人之间必要的距离,这个距离意味着对于对方作为独立人格的尊重,包括尊重对方独处的权利。

孔子说:"唯女子与小人为难养也,近之则不孙,远之则怨。"这话对女子不公平。其实,"近之则不孙"几乎是人际关系的一个规律,并非只有女子如此。太近无君子,谁都可能被惯成或逼成不逊无礼的小人。

所以,两性交往,不论是恋爱、结婚还是某种亲密的友谊,都以保持适当距离为好。

君子远小人是容易的,要怨就让他去怨。男人远女人就难了,孔子心里明白："吾未见好德如好色者也。"既不能近之，又不能远之，男人的处境何其尴尬。那么，孔子的话是否反映了男人的尴尬，却归罪于女人？

"为什么女人和小人难对付？女人受感情支配，小人受利益支配，都不守游戏规则。"一个肯反省的女人对我如是说。大度之言，不可埋没，录此备考。

两人再相爱，乃至结了婚，他们仍然应该有分居和各自独处的时间。分居的危险是增加了与别的异性来往和受诱惑的机会，取消独处的危险是丧失自我，成为庸人。后一种危险当然比前一种危险更可怕。与其平庸地苟合，不如有个性而颠簸，而离异，而独身。何况有个性是真爱情的前提，有个性才有爱的能力和被爱的价值。好的爱情原是两个独特的自我之间的互相惊奇、欣赏和沟通。在两个有个性的人之间，爱情也许会经历种种曲折甚至可能终于失败，可是，在两个毫无个性的人之间，严格意义上的爱情根本就不可能发生。

心灵相通，在实际生活中又保持距离，最能使彼此的吸引力耐久。

近了，会厌倦。远了，会陌生。不要走近我，也不要离我远去

在崇拜者与被崇拜者之间隔着无限的距离，爱便是走完这个距离的

冲动。一旦走完，爱也就结束了。

比较起来，以相互欣赏为基础的爱要牢靠得多。在这种情形下，距离本来是有限的，且为双方所乐于保持，从而形成了一个弹性的场。

有一个人因为爱泉水的歌声，就把泉水灌进瓦罐，藏在柜子里。我们常常和这个人一样傻。我们把女人关在屋子里，便以为占有了她的美。我们把事物据为己有，便以为占有了它的意义。可是，意义是不可占有的，一旦你试图占有，它就不在了。无论我们和一个女人多么亲近，她的美始终在我们之外。不是在占有中，而是在男人的欣赏和倾倒中，女人的美便有了意义。我想起了海涅，他终生没有娶到一个美女，但他把许多女人的美变成了他的诗，因而也变成了他和人类的财富。

我爱故我在

一切终将黯淡,唯有被爱的目光镀过金的日子在岁月的深谷里永远闪着光芒。

我爱故我在。

心与心之间的距离是最近的,也是最远的。

到世上来一趟,为不多的几颗心灵所吸引,所陶醉,来不及满足,也来不及厌倦,又匆匆离去,把一点迷惘留在世上。

爱情与事业,人生的两大追求,其实质为一,均是自我确认的方式。爱情是通过某一异性的承认来确认自身的价值,事业是通过社会的承认来确认自身的价值。

爱的价值在于它自身,而不在于它的结果。结果可能不幸,可能幸福,但永远不会最不幸和最幸福。在爱的过程中间,才会有"最"的体验和想象。

人们常说，爱情使人丧失自我。但还有相反的情形：爱情使人发现自我。在爱人面前，谁不是突然惊喜地发现，他自己原来还有这么多平时疏忽的好东西？他渴望把自己最好的东西献给爱人，于是他寻找，他果然找到了。呈献的愿望导致了发现。没有呈献的愿望，也许一辈子发现不了。

我突然感到这样忧伤。我思念着爱我或怨我的男人和女人，我又想到总有一天他们连同他们的爱和怨都不再存在，如此触动我心绪的这小小的情感天地不再存在，我自己也不再存在。我突然感到这样忧伤

爱与孤独

孤独是人的宿命，它基于这样一个事实：我们每个人都是这世界上一个旋生旋灭的偶然存在，从无中来，又要回到无中去，没有任何人任何事情能够改变我们的这个命运。

是的，甚至连爱也不能。凡是领悟人生这样一种根本性孤独的人，便已经站到了一切人间欢爱的上方，爱得最热烈时也不会做爱的奴隶。

有两种孤独。

灵魂寻找自己的来源和归宿而不可得，感到自己是茫茫宇宙中的一个没有根据的偶然性，这是绝对的、形而上的、哲学性质的孤独。灵魂寻找另一颗灵魂而不可得，感到自己是人世间的一个没有旅伴的漂泊者，这是相对的、形而下的、社会性质的孤独。

前一种孤独使人走向上帝和神圣的爱，或者遁入空门。后一种孤独使人走向他人和人间的爱，或者陷入自恋。

一切人间的爱都不能解除形而上的孤独。然而，谁若怀着形而上的孤独，人间的爱在他眼里就有了一种形而上的深度。当他爱一个人时，他心中会充满佛一样的大悲悯。在他所爱的人身上，他又会发现神的影子。

孤独源于爱，无爱的人不会孤独。

也许孤独是爱的最意味深长的赠品，受此赠礼的人从此学会了爱自己，也学会了理解别的孤独的灵魂和深藏于它们之中的深邃的爱，从而为自己建立了一个珍贵的精神世界。

生命纯属偶然，所以每个生命都要依恋另一个生命，相依为命，结伴而行。

生命纯属偶然，所以每个生命都不属于另一个生命，像一阵风，无牵无挂。

每一个问题至少有两个相反的答案。

当一个孤独寻找另一个孤独时，便有了爱的欲望。可是，两个孤独到了一起就能够摆脱孤独了吗？

孤独之不可消除，使爱成了永无止境的寻求。在这条无尽的道路上奔走的人，最终就会看破小爱的限度，而寻求大爱，或者——超越一切爱，而达于无爱。

人在世上是需要有一个伴的。有人在生活上疼你，终归比没有好。至于精神上的幸福，这只能靠你自己，——永远如此。只要你心中的那个美好的天地完好无损，那块新大陆常新，就没有人能夺走你的幸福。

那些不幸的天才，例如尼采和梵高，他们最大的不幸并不在于无人理解，因为精神上的孤独是可以用创造来安慰的，而恰恰在于得不到普通的人间温暖，活着时就成了被人群遗弃的孤魂。

独身的最大弊病是孤独，乃至在孤独中死去。可是，孤独既是一种痛苦，也是一种享受，而再好的婚姻也不能完全免除孤独的痛苦，却多少会损害孤独的享受。至于死，任何亲人的在场都不能阻挡它的必然到来，而且死在本质上总是孤独的。

当我们知道了爱的难度，或者知道了爱的限度，我们就谈论友谊。当我们知道了友谊的难度，或者知道了友谊的限度，我们就谈论孤独。当然，谈论孤独仍然是一件非常奢侈的事情。

"有人独倚晚妆楼"——何等有力的引诱！她以醒目的方式提示了爱的缺席。女人一孤独，就招人怜爱了。
相反，在某种意义上，孤独是男人的本分。

我爱她，她成了我的一切，除她之外的整个世界似乎都不存在了。

那么，一旦我失去了她，是否就失去了一切呢？

不。恰恰相反，整个世界又在我面前展现了。我重新得到了一切。

未经失恋的人不懂爱情，未曾失意的人不懂人生。

第四辑

说伤脑筋的婚姻

调侃婚姻

在人类的一切发明中，大约没有比婚姻更加遭到人类自嘲的了。自古以来，聪明人对这个题目发了许多机智的议论，说了无数刻薄话。事情到了这种地步，一个结了婚的男人（当然是男人！）倘若不调侃一下结婚的愚蠢，便不能显示其聪明，假如他竟然赞美婚姻，则简直是公开暴露他的愚蠢了。

让我们来欣赏几则俏皮话，放松一下被婚姻绷紧的神经。

蒙田引某人的话说："美好的婚姻是由视而不见的妻子和充耳不闻的丈夫组成的。"如果睁开眼睛，张开耳朵，看清了对方的真相，知道了对方的所作所为，会怎么样呢？有一句西谚做了回答："我们因为不了解而结婚，因为了解而分离。"

什么时候结婚合适？某位智者说："年纪轻还不到时候，年纪大已过了时候。"

不要试图到婚姻中去寻找天堂，斯威夫特会告诉你："天堂中有什么我们不知道，没有什么我们却很清楚——恰恰没有婚姻！"

拜伦在《唐璜》中写道："一切悲剧皆因死亡而结束，一切喜剧皆因婚姻而告终。"尽管如此，他自己还是结婚了，为的是："我想有个伴儿，可以在一起打打呵欠。"按照尚福尔的说法，恋爱有趣如小说，婚姻无聊如历史。或许，我们可以反驳道：不对，一结婚，喜剧就开场了——小小的口角，和解，嫉妒，求饶，猜疑，解释，最后一幕则是离婚。

有一个法国人说："夫妻两人总是按照他们中比较平庸的一人的水平生活的。"这是挖苦结婚使智者变蠢，贤者变俗。

有人向萧伯纳征求对婚姻的看法，萧回答："太太未死，谁能对此说老实话？"

林语堂说他最欣赏家庭中和摇篮旁的女人，他自己在生活中好像也是恪守婚德的，可是他对婚姻也不免有讥评。他说，所谓美满婚姻，不过是夫妇彼此迁就和习惯的结果，就像一双旧鞋，穿久了便变得合脚。无独有偶，古罗马一位先生也把婚姻譬作鞋子，他离婚了，朋友责问他："你的太太不贞么？不漂亮么？不多育么？"他指指自己的鞋子答道："你们谁也说不上它什么地方夹我的脚。"

世上多娇妻伴拙夫这一类不般配的婚姻，由之又引出守房不牢的风流故事，希腊神话即已以此为嘲谑的材料。荷马告诉我们，美神阿弗洛黛特被许配给了跛足的火神赫淮斯托斯，她心中不悦，便大搞婚外恋，有一回丈夫捉奸，当场用捕兽机把她和情夫双双夹住，请诸神参观。你看，神话的幽默真可与现实比美。

不论男女，凡希望性生活自由一点的，一夫一妻制的婚姻总是个束缚。辜鸿铭主张用纳妾来补偿，遭到两个美国女子反驳："男人可以多妾，女人为什么不可以多夫？"辜鸿铭答道："你们见过一个茶壶配四只茶杯，但世上哪有一只茶杯配四个茶壶的？"这话好像把那两个美国女子问住了。我倒可以帮她们反击:"你见过一只汤盆配许多汤匙,但世上哪有一只汤匙配许多汤盆的?"马尔克斯小说中的人物说:"一个男人需要两个妻子,一个用来爱,另一个用来钉扣子。"我想女人也不妨说:"一个女人需要两个丈夫,一个用来爱,另一个用来养家糊口。"

好了,到此为止。说婚姻的刻薄话是讨巧的,因为谁也不能否认婚姻包含种种弊病。如果说性别是大自然的一个最奇妙的发明,那么,婚姻就是人类的一个最笨拙的发明。自从人类发明了这部机器,它就老是出毛病,使我们为调试它修理它伤透脑筋。遗憾的是,迄今为止的事实表明,人类的智慧尚不能发明出一种更好的机器,足以配得上并且对付得了大自然那个奇妙的发明。所以,我们只好自嘲。能自嘲是健康的,它使我们得以在一个无法避免的错误中坦然生活下去。

1992.5

宽松的婚姻

一

关于婚姻是否违背人的天性的争论永远不会有一个结果，因为世上没有比所谓人的天性更加矛盾的东西了。每人最好对自己提出一个具体得多的问题：你更想要什么？如果是安宁，你就结婚；如果是自由，你就独身。

自由和安宁能否两全其美呢？有人设计了一个方案，名曰开放的婚姻。然而，婚姻无非就是给自由设置一道门槛，在实际生活中，它也许关得严，也许关不严，但好歹得有。没有这道门槛，完全开放，就不成其为婚姻了。婚姻本质上不可能承认当事人有越出门槛的自由，必然把婚外恋和婚外性关系视作犯规行为。当然，犯规未必导致婚姻破裂，但几乎肯定会破坏安宁。迄今为止，我还不曾见到哪怕一个开放的婚姻试验成功的例子。

与开放的婚姻相比，宽松的婚姻或许是一个较为可行的方案。所谓宽松，就是善于调节距离，两个人不要捆得太紧太死，以便为爱情留出自由呼吸的空间。它仅仅着眼于门栏之内的自由，其中包括独处的自由，关起门来写信写日记的自由，和异性正常交往的自由，偶尔调调情的自由，等等。至于门栏之外的自由，它很明智地保持沉默，知道这不是自己能管辖的事情。

二

要亲密，但不要无间。人与人之间必须有一定的距离，相爱的人也不例外。婚姻之所以容易终成悲剧，就因为它在客观上使得这个必要的距离难以保持。一旦没有了距离，分寸感便丧失。随之丧失的是美感、自由感、彼此的宽容和尊重，最后是爱情。

结婚是一个信号，表明两个人如胶似漆仿佛融成了一体的热恋有它的极限，然后就要降温，适当拉开距离，重新成为两个独立的人，携起手来走人生的路。然而，人们往往误解了这个信号，反而以为结了婚更是一体了，结果纠纷不断。

孔子说："唯女子与小人为难养也，近之则不孙，远之则怨。"这话对女子不公平。其实，"近之则不孙"几乎是一个规律，并非只有女子如此。太近无君子，谁都可能被惯成或逼成不逊无礼的小人。

三

有一种观念认为，相爱的夫妇间必须绝对忠诚，对各自的行为乃至思想不得有丝毫隐瞒，否则便亵渎了纯洁的爱和神圣的婚姻。

一个人在有了足够的阅历后便会知道，这是一种多么幼稚的观念。

问题在于，即使是极深笃的爱缘，或者说，正因为是极深笃的爱缘，乃至于白头偕老，共度人生，那么，在这漫长的岁月中，各人怎么可能、又怎么应该没有自己的若干小秘密呢？

爱情史上不乏忠贞的典范，但是，后人发掘的材料往往证实，在这类佳话与事实之间多半有着不小的出入。依我看，只要爱情本身是真实的，那么，即使当事人有一些不愿为人知悉甚至不愿为自己的爱人知悉的隐秘细节，也完全无损于这种真实性。我无法设想，两个富有个性的活生生的人之间的天长日久的情感生活，会是一条没有任何暗流或支流、永远不起波澜的平坦河流。倘这样，那肯定不是大自然中的河流，而只是人工修筑的水渠，倒反见其不真实了。

当然，爱侣之间应该有基本的诚实和相当的透明度。但是，万事都有个限度。水至清无鱼。苛求绝对诚实反而会酿成不信任的氛围，甚至逼出欺骗和伪善。一种健全的爱侣关系的前提是互相尊重，包括尊重对方的隐私权。这种尊重一方面基于爱和信任，另一方面基于对人性弱点的宽容。羞于追问相爱者难以启齿的小隐秘，乃是爱情中的自尊和教养。

也许有人会问：宽容会不会助长人性弱点的恶性发展，乃至毁坏爱的基础呢？我的回答是：凡是会被信任和宽容毁坏的，猜疑和苛求也决计挽救不了，那就让该毁掉的毁掉吧。说到底，会被信任和宽容毁坏的爱情本来就是脆弱的，相反，猜疑和苛求却可能毁坏最坚固的爱情。我们冒前一种险，却避免了后一种更坏的前途，毕竟是值得的。

四

喜新厌旧乃人之常情,但人情还有更深邃的一面,便是恋故怀旧。一个人不可能永远年轻,终有一天会发现,人生最值得珍惜的乃是那种历尽沧桑始终不渝的伴侣之情。在持久和谐的婚姻生活中,两个人的生命已经你中有我,我中有你,血肉相连一般地生长在一起了。共同拥有的无数细小珍贵的回忆犹如一份无价之宝,一份仅仅属于他们两人无法转让他人也无法传之子孙的奇特财产。说到底,你和谁共有这一份财产,你也就和谁共有了今生今世的命运。与之相比,最浪漫的风流韵事也只成了过眼烟云。

1993.3

嫉妒的权利

一

在性爱中,嫉妒是常见的现象,俗称吃醋。醋坛子打翻,那酸溜溜的滋味很难用语言表达,人们往往也羞于用语言表达。表达出来时,嫉妒总是化装成别的东西,例如愤怒、骄傲或冷漠。可以公开表示仇恨,嫉妒却不能。在人类一切情感中,嫉妒似乎是最见不得人的一种。

人们讴歌爱情,耻笑嫉妒。这两种情感本来宛如一对孪生姐妹,彼此有着不解之缘,却受到完全相反的评价,这未免有些不合逻辑。其实,被笼统地称作嫉妒的这种情感是很复杂的,包含着不同的因素,而它们并非都是负面的。

人为什么会吃醋?大体而论,是因为爱。爱,所以就在乎,就把爱人是否也爱自己看得很重要,对爱人感情上的些微变化十分敏感。吃醋未必要有事实的根据,热恋中人常常会捕风捉影,无端猜疑。这样的吃醋,只要控制在一定程度内,不但无害,反倒构成了爱情中的喜剧性因素,我们不妨把它看作一种特殊的调情。事实上,一点醋不吃的人不解爱情滋味,一点醋味不带的爱情平淡无味。当然,如果不加控制,嫉妒就会成为一种巨大的破坏力量,每每酿成悲剧。

也有不是从爱出发的嫉妒,这种情形突出地表现在那些无爱或者爱情业已死亡的婚姻中。爱情不存在了,为什么还要嫉妒呢?可能有三种原因。一是在传统观念支配下,因所有权受到侵犯而愤怒。二是在虚荣心支配下,因"面子"受损害而感到屈辱。三是在报复心的支配下,因对方可能获得的幸福而不平。当一个人因为爱而嫉妒时,在他的嫉妒中,这些因素也可能以较弱的程度混杂着。在我看来,这样的嫉妒或嫉妒中的这些因素的确是阴暗的,应该被否定的。而凡是真正由爱导致的嫉妒,则多少有其存在的理由。最执着的爱往往会导致最强烈的嫉妒,即使疯狂如奥赛罗,也有一种悲剧性的美。不过,我对之只能欣赏,却不赞成,因为他的行为不符合我的民主观念。

二

按照我的理解,婚爱中的民主所要反对的是把爱情变成占有,但它并不排斥嫉妒的权利。嫉妒本身不是专制,因为嫉妒而伤害人身才是专制。

随着民主观念的演进,曾经有不少激进之士主张一种开放的婚姻,在这种婚姻中,嫉妒不复有容身之地。例如,西方"婚姻革命"的始作俑者罗素认为:爱是一种积极的光明的感情,嫉妒是一种消极的阴暗的本能。因此,开明的夫妇应当自觉地压制各自的嫉妒本能,以便给自己也给对方以婚外性爱的充分自由和广阔天地。在他看来,这种婚内外多样化的性爱关系无损于由最真挚的爱情所缔结的婚姻，两者完全可以并行不悖。相反，因为婚姻而拒绝来自别的异性的一切爱情，则意味着减少感受性、同情心以及与有价值的人接触的机会，摧残人生中最美好的东西。

我对罗素的见解曾经深以为然，但是观察和经历使我产生了怀疑。据我所见，凡是发生过婚外恋或婚外性关系的家庭，不论受伤害的一方多么开通豁达，如何显示大度宽容，那阴影总是潜伏了下来。其结果是，或早或迟，其中相当多家庭（如果不是大部分的话）终难免于破裂的命运。在这过程中，悄悄起着破坏作用的阴影正是嫉妒。

是那受伤害的一方缺乏足够的教养，压制嫉妒的努力不够真诚吗？可是，罗素自己够绅士也够真诚了吧，结果怎么样呢？众所周知，他一生中多次结婚和离婚。当然，这未必能证明他的理论是错误的，就像不能证明相反的婚姻理论是正确的一样，因禁锢而遭失败的婚姻比比皆是，其绝对数量远超过开放的婚姻。然而，当罗素和他同样主张性开放而痛斥嫉妒之非的第二任妻子勃列克离婚的消息传来时，林语堂不无理由地推测，很可能是嫉妒在其中起了最重要的作用。

正如罗素的传记作者艾伦·伍德所说：压制嫉妒的行为容易，压制嫉妒的情感难。他以嘲讽的口吻指出，罗素主张对配偶的风流韵事处之泰然，这个主张貌似激进，实则保守，乃是出于一种贵族信念：流露出嫉妒情感是不体面的。

可不是吗，当你发现妻子或丈夫不忠时，你妒火中烧，但你立刻想到了你是一个文明人,你深谙人性的弱点,你甚至不认为这是弱点,而是开明婚姻的权利和优点,你劝说自己予以宽容,绝不为此报复,甚至绝不为此争吵。你成功了,并且从中获得了一种满足,因为你的行为维护了你的做人的尊严,表明了你是一个胸怀开阔的人。可是,殊不知你的成功仅是表面的,暂时的,嫉妒的情感并不因此而消解了,它只是被压抑到了潜意识之中。后来,当你自己也不忠时,连你自己也分不清你到底是在实践开明的婚姻理论,还是隐藏着的嫉妒情感在作祟和寻求报复了。

三

我承认世上并无命定的姻缘,即使两人真正因为相爱而结合了,他们各自与别的异性之间仍然存在着发生亲密关系的各种可能性。是否应该为了既有的婚爱扼杀这些可能性呢?对此需要做具体的分析。

一种情况是婚外的性关系。如果把做爱看作单纯的生理行为,专一的爱情和美满的婚姻的确都并不排斥多元的性关系,一个人跟情人或配偶之外的异性上床仍能获得快感。但是,问题在于,做爱不只是生理行为。做爱时两个肉体在极乐中的互相敞开、拥有和融合,乃是男女之爱最自然最直接的表达方式。这就使你的爱人有权表示疑虑:如果你的婚外性伴侣是相当固定的,你如何证明你们之间的做爱不具有上述性质?如果你的性生活不拘对象非常随便,你如何证明你与爱人的做爱仍具有上述性质?在两种情形下,既有的婚爱都受到了质疑,对它的信心都发生了动摇。也许你的婚外性遭遇的确只是一般的风流韵事，那么，在我看来，为之冒损害一个好姻缘的风险是不值得的。

如果不是风流韵事，而是真正的爱情，又怎么样呢？既然不存在命定姻缘，就完全可以假定，在现有的爱人之外还有许多别的异性，她（他）们对于我同样也合适，甚至更合适，我只是暂时没有遇上她们罢了。暂时没有，不等于永远不会，相爱者难道不应该压制各自的嫉妒，给也许更佳的机遇敞开大门吗？撇开亲情、家庭责任等非爱情的因素，仅从爱情考虑，旧的较逊色的爱情给新的更好的爱情让路似乎是理所当然的。不期而遇，欲躲不能，也许只好让路。但是，我相信，在任何情况下都不该敞开大门。在心态上，在做法上，被迫让路和主动敞开大门都是两回事。敞开大门，意味着主动去寻找新的机遇，新的爱情。可是，相爱者对他们之间爱情的信心原是爱情的一个必要内涵，而敞开大门的心态和做法本身就剥夺了这个必要内涵，在此心态和做法支配下，不但已有的爱情，而且任何新得到的爱情，都永远处于朝不保夕风雨飘摇之中。敞开大门的结果，进来的往往不是新的更好的爱情，而是一大堆风流韵事，这些不速之客顺便也把已有的爱情这个合法主人挤出了门。事实上，在爱情上得陇望蜀的人的确不是爱情信徒，而往往是些风月领袖。

那么，有没有例外呢？据说萨特和波伏瓦的关系是一个例外。他们一辈子相爱，建立了一种虽不结婚却至死不渝的伴侣关系。基于对彼此爱情的信心，他们在年轻时就约定，每人在对方之外不但允许、而且应该有别的情人，并且互不隐瞒这方面的情况。区别于他们之间的"必然的爱情",他们把这种关系称作"偶然的爱情"。他们的确这样做了,每人在一生中不止一次地陷入了有时是相当热烈持久的恋爱中。但是,他们真的不嫉妒吗?事实上,如果不是因为波伏瓦出于嫉妒的阻止,萨特差点儿就和他的一个情人结婚了。波伏瓦则异常费力地维持着她和萨特以及她的美国情人阿尔格朗之间的三角关系,一面为了萨特不得不拒绝阿尔格朗的结婚要求,一面信誓旦旦地向阿尔格朗宣布自己事实上是他的"真正的妻子"。至于阿尔格朗,就简直是被嫉妒折磨死的,在向记者表示了他对波伏瓦的所谓"偶然的爱情"的愤怒后的当天夜里,便死于心脏病发作。他说得对:"只以偶然的方式爱人,等于过一种偶然的生活。"我不能断言萨特和波伏瓦的试验毫无价值,但可以肯定一点:凡多元的性爱关系,有关各方都不可能真正摆脱嫉妒,而且爱得愈真实热烈者就愈是受嫉妒的折磨,因为"全或无"原是真正的爱情信条,多元是违背其本性的。如此看来,萨特和波伏瓦在多元性爱格局中仍能终身保持他们稳定的伴侣关系,可以算是一个例外甚至一个奇迹了。不过,他们始终是分居的,而且有材料说,他们之间从很早开始就没有了性生活。如果此说属实,则把他们的关系说成性爱就未免勉强了,不如说是友谊,哪怕是非常动人的友谊。

四

我的结论是:在真正以爱情为基础的两性结合中,从爱出发的嫉妒不是消极的，而是积极的，不是阴暗的，而是光明的。它怀着对既有婚爱的珍惜之心，像一个卫士一样守卫着爱的果实，以警戒风流韵事和新的爱情冒险的侵害。

美满幸福的婚爱总是凝聚着也鼓舞着一个人对人生的信心，对人性的自豪，乃至对神圣的感悟。当这样的婚爱遭到打击时，嫉妒的痛苦常常还包含着、至少伴随着这些美好感情碎裂所产生的疼痛。就此而论，嫉妒更有其值得尊重的光明正大的权利。

所以，罗素的立论应该颠倒过来：对于真挚相爱的人来说，与其为了婚外的性爱自由而压制各自的嫉妒，不如为了他们真挚的爱情以及必然伴随的嫉妒而压制婚外的性爱自由。鉴于世上真正幸福的婚姻如此稀少，已经得此幸福的男女应该明白：一个男人能够使一个女人幸福，一个女人能够使一个男人幸福，就算功德无量了，根本不存在能够同时使许多个异性幸福的超级男人或超级女人。

当然，和别的事物一样，嫉妒也仅在一定界限内有其权利。当爱情存在时，嫉妒这个卫士不妨为爱情站岗放哨，履行职责。此时它也应心明眼亮，不可向假想敌胡乱开枪，错杀无辜。一旦爱情不复存在，它就应当尊严地撤除岗哨，完全不必也不该为不存在的东西拼个你死我活了。

1996.5

论怕老婆

怎样算怕老婆,这标准不好定。我姑且定一个:明明老婆错了,却挨老婆的骂,自己不但不申辩,反而认错。倘若这种情形重复出现,我们说那个男人怕老婆,大抵不冤枉他吧。

不过,认错和认错还不一样,据此可以把世上怕老婆者区分为三类。

一种人嘴上认错,心里也认错,表里一致,心悦诚服。为什么明明老婆错了,他还真心诚意认错?这只能用爱和崇拜来解释了。老婆是偶像,是神明,偶像和神明当然不会错,如出差错,则责任必在自己了。我称这一类怕老婆者为诗人,因为他还生活在自己的美丽幻想中。譬如《红楼梦》里的贾宝玉,不管林妹妹多么使小性儿,到头来他总赔不是。但即使多情如贾宝玉,也难免有怄气——也就是不认错——的时候。何况他和林妹妹终未成婚,要是林妹妹真做了他的老婆,他还能不能一如既往,实在说不好。据我观察,在实际生活中,结了婚仍然爱老婆敬老婆者有之,爱到溺爱,敬到敬畏地步且持之以恒的却不可多见。

另一种人之所以认错,是出于一种豁达的胸怀。他认为,他和老婆谁对谁错,实在无须辩说,即使老婆错了,他认个错也不算丢了面子。这差不多是一种哲人风度了。相传希腊大哲学家苏格拉底就是这样一个怕老婆的人,而他的老婆则是一个著名的泼妇。有一回,他挨了老婆一顿臭骂，正待出门规避，老婆又从窗口倒下一盆水，把他浇成个落汤鸡。他却一笑置之，说道："我早知道，雷霆之后必有甘霖。"当然，一般人不易有这等修养。即使哲学家，大多也只在沉思冥想和著书立说的时候是个哲人，在老婆面前却是一个有着喜怒哀乐人之常情的普通男人。家庭生活过于琐碎，摩擦在所难免，哲学家也不例外。不过，另一方面呢，我发现正是这琐碎的摩擦倒把一些普通男人磨练成家庭中的哲人，不管有理无理，常对老婆忍让三分，甚至还心平气和。他这样做确实是出于一种哲学的认识，明白了对于作为感情动物的女人是说不清也无须说清道理的，她需要的只是你认错——也就是爱她，她把这看成一回事。

第三种人是货真价实的怕老婆者。他认定老婆错，他对，并且很看重这对错，可是他还是忍气吞声认了错。他又很在乎自己的认错，觉得丢了面子，受了委屈，却敢怒不敢言，怨气郁结于内。他落到这地步真正是因为怕，不过与其说他怕的是老婆，倒不如说是别的东西：家丑外扬，邻居笑话，体面扫地，等等。他多半是为了维护对外的面子而只好牺牲在老婆面前的面子。但他对外的面子也未必保得住，因为他怕老婆的名声终于传开又传回他的耳中，这增添了他心中的愤懑，使他有时会以卑怯者特有的激烈方式急性发作一下。这种性格懦弱的人肯定不限于怕老婆，他怕一切比他强有力的人和事物。

我把怕老婆者区分为上面三类，前两类其实并非真怕，而是出于情感的崇拜或出于理智的宽容，唯有第三类才是出于性格的真怕，也就是怯懦。当然，这绝不是对全部家庭状态的概括，世上还有许多不怕老婆的男人和不让丈夫怕的女人的。我在文章开头定了一个标准，只有当老婆惯于在自己错时偏要丈夫认错的情况下，才会发生怕老婆的问题。现在，在结束这篇文章时，我要对这样的老婆进一言。首先你切不可指望你的丈夫永远把你当作一个神那样敬畏，因为你知道你自己不是一个神，你和他朝夕相处，这秘密是保守不住的。你或许可以指望你的丈夫具备哲人的豁达，不过你也该记住他的豁达是有限度的，倘若他豁达得没有边儿，那就更可怕，表明倒是他在以一个神的姿态俯视你了。所以，如果你执意要保持使丈夫怕的地位，最有把握的是得到或造就一个怯懦者，你是女人，该知道男人中不乏此种材料。那么，就不兴向丈夫撒一撒娇吗？当然可以。但是，难道你不觉得有时候你认一下错，就像你要丈夫认一下错一样，换句话说，讨饶就像嗔怪一样，也是一种撒娇吗？

1991.6

婚姻的悖论与现代的困境

《中国妇女》杂志举办的"富裕的日子怎么过"的讨论已进入尾声，主持人林亚男女士向我索稿，希望我也加入这场讨论。引发这场讨论的刘花然的故事本身并不复杂，如果不考虑相当偶然地出了人命案的结局，无非是一个始乱终弃、婚姻破裂的老故事。它之所以引起关注，是因为在中国当前的社会环境中，这类事的发生越来越频繁了。从讨论的情况看，人们对此的态度大致有三种：一是为爱情的权利辩护，视此类现象为一种进步；另一是为妇女的权益辩护，对此类现象作道德的谴责并且呼吁法律的干预；还有一些人则感到困惑，在支持和反对之间无所适从。我好像属于第三种，在两个极端之间颇费思量，不过也许出于不太相同的原因。

一 婚姻与性爱的冲突

在我的概念中，婚姻一直是人类生存所面临的重大悖论之一，它不只是一个社会难题，更是一个永恒的人类难题。其困难在于，婚姻是一种社会组织，在本性上是要求稳定的，可是，作为它的自然基础的性爱却天然地倾向于变易，这种内在的矛盾是任何社会策略都消除不了的。

面对这种矛盾，传统的社会策略是限制乃至扼杀性爱自由，以维护婚姻和社会的稳定，中国的儒家社会和西方的天主教社会都是这种做法。这样做的代价是牺牲了个人幸福，曾在历史上——在较弱的程度上仍包括今天——造成无数有形或无形的悲剧。然而，如果把性爱自由推至极端，完全无视婚姻稳定的要求，只怕普天之下剩不下多少幸存的家庭了，而这种极度的动荡既不利于社会安定，也不会使个人真正幸福。

这么说并非危言耸听。问题在于，性爱在本质上是一种很不确定的感情。一方面，它具有一种浪漫倾向，所谓"人情固重难而轻易，喜新而厌旧"，这种心理在性爱中尤为突出。人们往往把未知的东西和难以得到的东西美化、理想化，于是邂逅的新鲜感和犯禁的自由感成了性爱快感的主要源泉。正因为这个原因，最令人难忘的爱情经历倘若不是初涉爱河的未婚恋，便多半是红杏出墙的婚外恋了。这种情形不能只归结为道德缺陷，而是有心理学上的原因。另一方面，性爱又是一种纯粹的个人体验，并无客观标准可言。自己是否堕入情网，两情是否真正相悦，好感和爱情的界限在哪里，不但旁人难以判断，有时连当事人也把握不了。如果以这样一种既不稳定又不明确的感情为婚姻的唯一纽带，任何婚姻之岌岌可危就可想而知了。

二 出路：亲情式的爱情？

婚姻以爱情为基础是现代文明人的共识，我无意反对。为了在婚姻的悖论中寻找一条出路,我的想法是:我们也许应当改变一下思路,把作为婚姻之基础的爱情同上述那种浪漫式的爱情区分开来。那种浪漫式的爱情可能导致婚姻的缔结,但不能作为婚姻的持久基础。能够作为基础的是一种由爱情发展来的亲情,与那种浪漫式的爱情相区别,我称之为亲情式的爱情。在这种爱情中,浪漫因素也许仍然存在,但已降至次要地位,基本的成分乃是在长久共同生活中形成的彼此的信任感和相知相惜之情。西方一位社会学家把信任感视为好婚姻的第一要素,我觉得是有道理的。这种信任感不单凭借良好愿望,而是悠悠岁月培养起来的在重要的行为方式上互相尊重和赞成的能力,它随婚龄俱增,给人一种踏实感,会使婚姻放散出一种肃穆祥和的气氛。事实上,许多家庭之所以没有解体,并不是因为从未遭遇浪漫式爱情的诱惑,而恰恰是因为当事人看重含有这种来之不易的信任感的亲情式爱情,从而自觉地规避那种诱惑,或者在陷入诱惑之后仍能做出理智的选择,而受委屈的一方也乐意予以原谅。在我看来,凡是建立在这种亲情式爱情的基础上的婚姻不仅稳固,而且仍是高质量的。我不否认一次新的浪漫式爱情带来更佳婚姻的可能性,但是,第一,这终究是未知的,因而是一个冒险;第二,即便真的如此,在结婚之后,新的浪漫式爱情迟早仍要转变为亲情式爱情。我相信,认清了婚姻以亲情式爱情为基础的必然性和必要性,人们对于自身婚姻现状的评价就会客观一些,一旦面临去留的抉择,也就会慎重得多。

三　现代人的婚姻困境

现在可以谈一谈我对讨论主题的看法了。我们今天所遇到的婚姻难题，有些源于人性和婚姻的共性，有些来自中国当代社会的特殊境况，所谓"富裕的日子怎么过"涉及的是后一方面的问题。我的看法是，当今中国的现代化过程对于人们婚爱实践和观念的影响是双重的，有正有负，不可一概而论。

一方面，金钱势力的增长削弱乃至冲垮了过去曾经威力巨大的对个人婚爱行为的行政干预，市场所造成的人口流动又普遍增加了两性接触的机会，两者综合，人们在两性关系上的自由度明显地提高了。在就业自由、挣到钱就能在社会上立足的条件下，两性关系日益成为个人的私事，只要不触犯法律，行政权力对之无可奈何。反映到观念上，整个社会对之也日益持宽容和开放的态度。通奸罪的取消，离婚以感情破裂为唯一尺度，不过是法律对实践上和观念上的变化的事后追认。在这种情形下，一些原本没有任何爱情基础的劣质婚姻呈土崩瓦解之势，是不足怪也不足惜的。

但是，另一方面，金钱势力的增长也导致了人们物欲的膨胀和精神品格的下降，这种下降在两性关系上同样有所表现。且不说以性为商品的卖淫活动有猖獗之势，即使在一般的性交往中，灵肉的分离也是日甚一日。当两性之间的肉体接触变得十分随便之时，这种接触必然越来越失去情感的内涵。有的人认为，人一旦富裕了，对于性爱就会产生更高的精神需要。我觉得不能教条地搬用这种需要金字塔的理论,事实上,在那些精神素质差的人身上,金钱所起的使人堕落的作用远超过教化作用,他们因为肉欲的容易满足而更加蔑视爱情的价值。结果我们看到,人们虽然在两性关系上有了更多的自由,真正的爱情反而稀少了。许多婚姻之所以破裂,并不是由于浪漫式爱情的威力,而只是追求婚外性刺激的结果,一些有良好的亲情式爱情之基础的婚姻竟也在时髦的露水风流中倾覆了。

所以,在我看来,现代人的婚姻困境不是一个孤立现象,而是现代化进程中整体性精神危机的一个表征,是精神平庸化在两性关系上的表现。

四 性爱的自律

凡是在现代化进程中产生的弊病,唯有通过现代化进程本身才能解决,婚爱上的问题也是如此。有些人主张重新运用法律武器来惩办婚外恋,严格限制离婚自由。我认为走回头路是行不通的,即使行得通也是不可取的。我们应该看到,婚姻是性爱的社会形式,而性爱必须是一种自由行为才成其为性爱。法律在这方面的作用有其限度,它不能强迫一个人同自己不愿意的对象从事性行为,而倘若禁止感情已经破裂的婚姻解体,它实际上就是试图做这种蠢事。一个社会是否尊重和保护其成员在性爱上的自由,是这个社会文明程度的标志。

当然，社会的文明程度还有另一方面的标志，便是其成员在性爱上能否自律。其实，自由本身即包含了自律之义，一个不能支配自己的欲望反而被欲望支配的人，你不能说他是一个自由人。人在两性关系中袒露的不但是自己的肉体，而且是自己的灵魂——灵魂的美丽或丑陋，丰富或空虚。一个人对待异性的态度最能表明他的精神品级，他在从兽向人上升的阶梯上处在怎样的高度。在性爱上能够自律的人，他在两性关系上有一种根本的严肃性，看重性关系中的情感价值，尊重其性伴侣的人格和心灵，珍惜爱情以及由爱情发展来的亲情。在我看来，这实际上也就是爱的能力，一个人是否具有这种能力，是比他的婚爱经历是否顺利更重要的事情。能否做到自律，取决于一个人的整体精神素质。在解除他律之后无能自律，正暴露了一个人整体精神素质的低劣。就整个社会看，这方面要有大改观将是一个漫长的过程，有待于整个民族素质的提高。西方人在放任式的性流浪之后重新走上了归家的路，这个先例或许可以给我们一种启发，使我们明白在一定时期内弯路的不可避免，同时也给我们一种希望，使我们对在现代文明水准上重获古老婚爱价值的前景抱有信心。

1997.5

婚姻中的爱情

关于婚姻应当以爱情为基础，人们已经说得很多了。关于婚姻是爱情的坟墓，人们也已经说得很多了。这两种说法显然是互相矛盾的。如果婚姻的确是爱情的坟墓，而爱情又的确是婚姻的基础，那就等于说，婚姻必然自毁基础，自掘坟墓，真是一点出路也没有了。

解决这个矛盾可以有两种相反的思路。有一些人（包括有一些哲学家）认为，婚姻和爱情在本性上就是冲突的，因此必须为婚姻寻找别的基础，例如习惯、利益、义务、抚育后代之类。与此不同，我仍想坚持婚姻以爱情为基础的价值立场，只是要对作为婚姻之基础的爱情重新进行定义。

一个真正值得深思的问题：婚姻中的爱情究竟应该是怎样的？

我发现，人们之所以视婚姻与爱情为彼此冲突，一个重要原因便是对爱情的理解过于狭窄，仅限于男女之间的浪漫之情。这种浪漫之情依赖于某种奇遇和新鲜感，其表现形式是一见钟情，销魂断肠，如痴如醉，难解难分。这样一种感情诚然也是美好的，但肯定不能持久，并且这与婚姻无关，即使不结婚也一样持久不了。因为一旦持久，任何奇遇都会归于平凡，任何陌生都会变成熟悉。试图用婚姻的形式把这种浪漫之情延续下去，结果当然会失败，但其咎不在婚姻。

如果我们把爱情理解为男女之间的极其深笃的感情，那么，我们就会看到，它绝不仅限于浪漫之情，事实上还有别样的形态。一般来说，浪漫之情往往存在于婚姻前或婚姻外，至多还存在于婚姻的初期。随着婚龄增长，浪漫之情必然会递减，然而，倘若这一结合的质量确实是好的，就会有另一种感情渐渐生长起来。这种新的感情由原来的恋情转化而来，似乎不如恋情那么热烈和迷狂，却有了恋情所不具备的许多因素，最主要的便是在长期共同生活中形成的互相的信任感、行为方式上的默契、深切的惦念以及今生今世的命运与共之感。我们不妨把这种感情看作亲情的一种，不过它不同于血缘性质的亲情，而的确是在性爱基础上产生的亲情。我认为它完全有资格被承认为爱情的一种形态，而且是一种成熟的形态。为了与那种浪漫式的爱情相区别，我称之为亲情式的爱情。婚姻中的爱情，便是以这样的形态存在的。按照这一思路，婚姻就不但不是爱情的坟墓，反倒是爱情——亲情式的爱情——生长的土壤了。

　　大千世界里，许多浪漫之情产生了，又消失了。可是，其中有一些幸运地活了下来，成熟了，变成了无比踏实的亲情。好的婚姻使爱情走向成熟，而成熟的爱情是更有分量的。当我们把一个异性唤作恋人时，是我们的激情在呼唤。当我们把一个异性唤作亲人时，却是我们的全部人生经历在呼唤。

1997.12

亲密有间

我一直主张，相爱的人要亲密有间，不要亲密无间。即使结了婚，两个人之间仍应保持一个必要的距离。所谓必要的距离是指，各人仍应是独立的个人，并把对方作为独立的个人予以尊重。

一个简单的道理是，两个人无论多么相爱，仍然是两个不同的个体，不可能变成同一个人。另一个稍微复杂一点的道理是，即使可能，两个人变成一个人也是不可取的。我们常常发现，在比较和谐的结合中，由于长时间的耳鬓厮磨，互相熏陶，夫妻二人的思想方式和行为方式会日益趋同，甚至长相也会变得相像。这当然不一定是坏事，可以视为婚姻稳固的表征。不过，如果你的心灵足够敏感，你就会对这种情形产生一点儿警惕。个人的独特是一切高质量的结合的基础，差异的磨灭也许意味着某些重要价值在不知不觉中被损失掉了。

家庭生活本身具有一种把两个人捆绑在一起的自然趋势，因此，要保持那个必要的距离谈何容易。我能够想出的对策是，套用政治学的术语，在家庭中也划分出一个双方一致同意的私域。也就是说，在必须共同承担的家庭责任之外，各人都拥有一个属于自己的领域，在此领域中享有个人自由，彼此不予干涉。这个私域的范围，不外乎两个方面，一是个人的精神生活，例如独处、写私人日记、发展个人爱好，另一是个人的社会交往，例如交共同朋友圈子之外的朋友，包括交异性朋友。当然，个人在私域中必须遵守一般规则，政治学的这个原理在这里也是适用的。所以，诸如养小蜜、包二奶之类的自由是不能允许的，因为它们违背了婚姻的一般规则。

我曾设想，如果条件许可，最好是夫妻二人各有自己的住宅，居住有分有合，在约定的分居时间里互不打扰。这个办法能够有效地保证各人的自由空间。听到我的这一设想，有人表示担忧：它会不会导致家庭关系的松散乃至解体？我当即申明，我的设想有一个前提，就是婚姻的爱情基础良好，并且双方均具备自律的自觉性。然而，尽管如此，我的确不能否认可能出现的危险。问题在于，在任何情形下，都不存在万无一失的办法以确保一个婚姻绝对安全。在一切办法中，捆绑肯定是最糟糕的一种，其结果只有两种可能：或者是成全了一个缺乏生机的平庸的婚姻，或者是一方或双方不甘平庸而使婚姻终于破裂。

其实，爱侣之间用什么方式来保持必要的距离，分寸如何掌握，都是因人而异的，不存在一个普遍适用的方案。我想强调的仅是，一定要有这个保持距离的觉悟。从根本上说，这也就是互相尊重对方的独立人格的觉悟。唯有亲密有间，家庭才能既成为一个亲密生活的共同体，又成为一个个性自由发展的场所。我相信，这样的家庭是更加生机勃勃、更加令人心情舒畅的，因而在总体上也必然是更加稳固的。

2002.3

夫妻间的隐私

夫妻间是否应该有个人隐私？我的看法是：应该有，——应该尊重对方的隐私权；不应该有，——不应该有太多事实上的隐私。

隐私是指一个人不愿意向他人公开的隐秘经历。所谓隐私权是指，只要这种经历不包含损害他人的情节，任何与此经历无关的人包括政府都无权过问，更无权强行公开。尊重隐私权意味着把一个人当作独立的人格予以尊重，在夫妻之间同样应该有这样一种文明意识和教养。当然，夫妻间的情况要微妙得多，因为夫妻间最敏感的隐私往往涉及一方与其他异性的关系，而这种关系是否构成对另一方的损害，从而赋予了另一方以过问的权利，不是很容易判断的。有一些情形可以明确地归入应受尊重的隐私的范围，例如婚前的性爱经历和婚后的异性间友谊。这些情形对于现有的婚爱不产生直接的影响，因此原则上应当看作当事人的私事。并不是说你一定不能知道，但是如果你的爱人不管出于何种考虑不想告诉你，你就不应该强求知道。比较难以确定的是，如果发生了可能直接损害现有婚爱的情形，例如一方有了外遇，另一方是否还应该把这当作隐私予以尊重呢？我对此原则上持否定的回答，除非双方像萨特和波伏瓦那样订有性自由的协定，否则任何一方有权知道有关事实，以便做出自己的判断和决定。

严格意义上的隐私是指外部经历，不过我们不妨理解得宽泛一些，把内心经历也包括进去。我想借此强调的是，一个人内心生活的隐秘性是在任何情况下都应该受到尊重的，因为隐秘性是内心生活的真实性的保障，从而也是它的存在的保障，内心生活一旦不真实就不复是内心生活了。所以，托尔斯泰才会为了写私人日记的权利而与他的夫人苦苦斗争。有时候，一个人会有向人倾诉内心的愿望，但这种愿望的发生往往取决于特殊的情境和心境，尤其强求不得。夫妻间最严重也最可笑的侵犯莫过于以爱情的名义，强求对方向自己敞开心灵中的一切。可以断定，凡这样做的人皆不知心灵为何物。真正称得上精神伴侣的是那样的夫妻，他们懂得个人心灵的自由空间的重要，因此譬如说，不会要求互相公开日记或其他的私人通信。不排除这样的情况：自己的配偶向别人甚至向别的异性所倾诉的某种隐秘的内心经历，竟然不曾向自己倾诉过。遗憾吗？也许有一些，然而是可以理解的。其实，在总体上无须遗憾，因为对于灵魂的相知来说，最重要的是两颗灵魂本身的丰富以及由此产生的互相吸引，而绝非彼此的熟稔乃至明察秋毫。

我承认，夫妻间有太多的事实上的隐私绝非好事，它证明了疏远和隔膜。好在隐私有一个特别的性格：它愿意向尊重它的人公开。所以，在充满信任氛围的好的婚姻中，正因为夫妻间最尊重对方的隐私权，事实上的隐私往往最少。

1999.12

婚姻如何能长久

忽然想到，朋友中或熟人中一些当初堪称模范的婚姻，现在几乎硕果无存了。我不由得为之唏嘘，恍然觉得普天下的婚姻都处在风雨飘摇之中。婚姻如何能长久，实在是令现代人大伤脑筋的难题。当然，长久也不是什么了不起的成就。可是，长久终究是婚姻的题中应有之义。如果只是浪漫一场，不想长久，就完全没有必要结婚。结婚意味着两人不但相爱，而且决心天长地久地相爱下去，永不分离。在这意义上，婚姻就不只是一纸法律证书，更是一个神圣的誓约。

可惜的是，多么神圣的誓约也仅是愿望的表达，却并不具有保证愿望实现的力量。据我观察，越是因热烈相爱而结婚的伴侣，就越容易轻信誓约，而这就隐藏着危险。一些质量较高的婚姻之所以终于破裂，原因是多方面的，其中之一恰恰是双方对于彼此感情的牢不可破过于自信。在性情不同的人身上，这种过于自信有不同的表现方式。

有一种夫妇，他们相信他们相爱到了这种程度，以至于在全部异性世界里，对方眼中都只有自己，不可能对任何别的异性产生好感。在这一信念支配下，各人都自觉或不自觉地克制自己对别的异性的兴趣，并且不允许对方表现出这种兴趣，争相互示忠诚并且引以为豪。这种太封闭的结构至少会造成两个恶果。一是由于缺少新鲜的刺激和活泼的交流，使得他们的感情生活趋于僵化和枯竭。二是丧失了对于诱惑的免疫力和对于事件的承受力，外来的轻轻一击就会使绷紧的弦断裂。

还有一种夫妇，同样非常自信，但思路恰好相反。他们相信他们的爱情坚固到了这般地步，以至于无论各人与别的异性发生怎样的交往，包括有限度的婚外恋，包括上床，都不会使他们的爱情发生实质性的动摇。他们在观念上和行为上都是富有现代性的人，愿意试验一种开放的婚姻形式，在婚姻中仍然享有充分的性自由。然而，事实证明，这类试验最后往往都以婚姻的破裂告终。

看来，太封闭和太开放都不利于婚姻的维护。要使婚姻长久，就应该在忠诚与自由、限制与开放之间寻找一种适当的关系。难就难在把握好这个度，我相信它是因人而异的，不存在一个统一的尺寸。总的原则是亲密而有距离，开放而有节制。最好的状态是双方都以信任之心不限制对方的自由，同时又都以珍惜之心不滥用自己的自由。归根结底，婚姻是两个自由个体之间的自愿联盟，唯有在自由的基础上才能达到高质量的稳定和有创造力的长久。

2001.3

婚姻中的利益考虑

婚姻当然应该以爱情为基础，但是，在现实生活中，人们很难做到把爱情作为婚姻选择上的唯一考虑。一起过日子是非常实际的事情，除了爱情之外，不能不有一些实际的考虑，包括经济上的适当保障。

富婆找能干的穷雇员，大款找美貌的贫家女，这都没有什么大不了，因为他们反正不愁吃穿，与金钱相比，别的东西显得更有价值。可是，让一个尚在为生存奋斗的妙龄女子和一个她喜欢的穷困潦倒的书生结婚，她有所顾忌就是合乎情理的了。没有人乐意陪一个倒霉蛋过一辈子。如果她终于下了决心，很可能是寄希望于书生日后的境遇会改善。或者，一种很小的可能是，她认定书生是一个天才，愿意终身贫贱相守。

我想说的是，利益的考虑在婚姻中占有一定地位，这是正常的。只是万事都有一个度，如果利益成了主要的甚至唯一的考虑，正常就变成庸俗了。如果进而很有心计地把婚姻当作谋取利益的手段，庸俗就变成卑鄙了。遗憾的是，在当今社会中，后两种情形大为增加了。

2005.6

家

如果把人生譬作一种漂流——它确实是的,对于有些人来说是漂过许多地方,对于所有人来说是漂过岁月之河——那么,家是什么呢?

一 家是一只船

南方水乡,我在湖上荡舟。迎面驶来一只渔船,船上炊烟袅袅。当船靠近时,我闻到了饭菜的香味,听到了孩子的嬉笑。这时我恍然悟到,船就是渔民的家。

以船为家,不是太动荡了吗?可是,我亲眼看到渔民们安之若素,举止泰然,而船虽小,食住器具,一应俱全,也确实是个家。

于是我转念想,对于我们,家又何尝不是一只船?这是一只小小的船,却要载我们穿过多么漫长的岁月。岁月不会倒流,前面永远是陌生的水域,但因为乘在这只熟悉的船上,我们竟不感到陌生。四周时而风平浪静,时而波涛汹涌,但只要这只船是牢固的,一切都化为美丽的风景。人世命运莫测,但有了一个好家,有了命运与共的好伴侣,莫测的命运仿佛也不复可怕。

我心中闪过一句诗:"家是一只船,在漂流中有了亲爱。"

望着湖面上缓缓而行的点点帆影，我暗暗祝祷，愿每张风帆下都有一个温馨的家。

二 家是温暖的港湾

正当我欣赏远处美丽的帆影时，耳畔响起一位哲人的讽喻："朋友，走近了你就知道，即使在最美丽的帆船上也有着太多琐屑的噪音！"

这是尼采对女人的讥评。

可不是吗，家太平凡了，再温馨的家也难免有俗务琐事、闲言碎语乃至小吵小闹。

那么，让我们扬帆远航。

然而，凡是经历过远洋航行的人都知道，一旦海平线上出现港口朦胧的影子，寂寞已久的心会跳得多么欢快。如果没有一片港湾在等待着拥抱我们，无边无际的大海岂不令我们绝望？在人生的航行中，我们需要冒险，也需要休憩，家就是供我们休憩的温暖的港湾。在我们的灵魂被大海神秘的涛声陶冶得过分严肃以后，家中琐屑的噪音也许正是上天安排来放松我们精神的人间乐曲。

傍晚，征帆纷纷归来，港湾里灯火摇曳，人声喧哗，把我对大海的沉思冥想打断了。我站起来，愉快地问候："晚安，回家的人们！"

三　家是永远的岸

我知道世上有一些极骄傲也极荒凉的灵魂，他们永远无家可归，让我们不要去打扰他们。作为普通人，或早或迟，我们需要一个家。

荷马史诗中的英雄奥德修斯长年漂泊在外，历尽磨难和诱惑，正是回家的念头支撑着他，使他克服了一切磨难，抵御了一切诱惑。最后，当女神卡吕浦索劝他永久留在她的小岛上时，他坚辞道："尊贵的女神，我深知我的老婆在你的光彩下只会黯然失色，你长生不老，她却注定要死。可是我仍然天天想家，想回到我的家。"

自古以来，无数诗人咏唱过游子的思家之情。"渔灯暗，客梦回，一声声滴人心碎。孤舟五更家万里，是离人几行情泪。"家是游子梦魂萦绕的永远的岸。

不要说"赤条条来去无牵挂"。至少，我们来到这个世界，是有一个家让我们登上岸的。当我们离去时，我们也不愿意举目无亲，没有一个可以向之告别的亲人。倦鸟思巢，落叶归根，我们回到故乡故土，犹如回到从前靠岸的地方，从这里启程驶向永恒。我相信，如果灵魂不死，我们在天堂仍将怀念留在尘世的这个家。

1992.4

心疼这个家

有一种曾经广泛流传的理论认为,家庭是社会经济发展一定阶段上的产物,所以必将随着经济的高度发展而消亡。这种理论忽视了一点:家庭的存在还有着人性上的深刻根据。有人称之为人的"家庭天性",我很赞赏这个概念。我相信,在人类历史中,家庭只会改变其形式,不会消亡。

人的确是一种很贪心的动物,他往往想同时得到彼此矛盾的东西。譬如说,他既想要安宁,又想要自由,既想有一个温暖的窝,又想作浪漫的漂流。他很容易这山望着那山高,不满足于既得的这一面而向往未得的那一面,于是便有了进出"围城"的迷乱和折腾。不过,就大多数人而言,是宁愿为了安宁而约束一下自由的。一度以唾弃家庭为时髦的现代人,现在纷纷回归家庭,珍视和谐的婚姻,也正证明了这一点。原因很简单,人终究是一种社会性的动物,而作为社会之细胞的家庭能使人的社会天性得到最经常最切近的满足。

活在世上,没有一个人愿意完全孤独。天才的孤独是指他的思想不被人理解,在实际生活中,他却也是愿意有个好伴侣的,如果没有,那是运气不好,并非他的主动选择。人不论伟大平凡,真实的幸福都是很平凡很实在的。才赋和事业只能决定一个人是否优秀,不能决定他是否幸福。我们说贝多芬是一个不幸的天才，泰戈尔是一个幸福的天才，其根据就是他们在婚爱和家庭问题上的不同遭遇。讲究实际的中国人把婚姻和家庭关系推崇为人伦之首，敬神的希伯来人把一个好伴侣看作神赐的礼物，把婚姻看作生活的最高成就之一，均自有其道理。家庭是人类一切社会组织中最自然的社会组织，是把人与大地、与生命的源头联结起来的主要纽带。有一个好伴侣，筑一个好窝，生儿育女，恤老抚幼，会给人一种踏实的生命感觉。无家的人倒是一身轻，只怕这轻有时难以承受，容易使人陷入一种在这世上没有根基的虚无感觉之中。

当然，我不是不分青红皂白地为婚姻唱赞歌。我的价值取向是，最好是有一个好伴侣，其次是没有伴侣，最糟是有一个坏伴侣。伴侣好不好，标准是有没有爱情。建设一个好家不容易，前提当然是要有爱情，但又不是单靠爱情就能成功的。也许更重要的是，还必须有珍惜这个家的心意和行动。美丽的爱情之花常常也会结出苦涩的婚姻之果，开始饱满的果实也可能会半途蛀坏腐烂，原因之一便是不珍惜。为了树立珍惜之心，我要提出一个命题：家是一个活的有生命的东西。所以，我们要把它作为活的有生命的东西那样，怀着疼爱之心去珍惜它。

家的确不仅仅是一个场所，而更是一个本身即具有生命的活体。两个生命因相爱而结合为一个家，在共同生活的过程中，他们的生命随岁月的流逝而流逝，流归何处？我敢说，很大一部分流入这个家，转化为这个家的生命了。共同生活的时间愈长，这个家就愈成为一个有生命的东西，其中交织着两人共同的生活经历和命运，无数细小而宝贵的共同记忆，在大多数情况下还有共同抚育小生命的辛劳和欢乐。正因为如此，即使在爱情已经消失的情况下，离异仍然会使当事人感觉到一种撕裂的痛楚。此时不是别的东西，而正是家这个活体，这个由双方生命岁月交织成的生命体在感到疼痛。古犹太法典告诉我们，当一个人和他的结发妻子离婚时，甚至圣坛也会为他们哭泣。如果我们时时记住家是一个有生命的东西，它也知道疼，它也畏惧死，我们就会心疼它，更加细心地爱护它了。那么，我们也许就可以避免一些原可避免的家庭破裂的悲剧了。

　　人的天性是需要一个家的，家使我们感觉到生命的温暖和实在，也凝聚了我们的生命岁月。心疼这个家吧，如同心疼一个默默护佑着也铭记着我们的生命岁月的善良的亲人。

1994.7

恋家不需要理由

我发现,男人对家的眷恋并不逊于女人,顾家的男人绝不少于顾家的女人。我承认,我也是一个比较恋家和顾家的男人。我尝自问:大千世界,有许多可爱的女人,生活有无数种可能性,你坚守着与某一个女人组成的这个小小的家,究竟有什么理由?我给自己一条条列举出来,觉得都不成其为充足理由。我终于明白了:恋家不需要理由。只要你在这个家里感到自由自在,没有压抑感和强迫感,摩擦和烦恼当然免不了,但都能够自然地化解,那么,这就证明你的生活状态是基本对头的,你是适合于过有家的生活的。

相当一些男人在人生中的某个阶段好像会面临一个选择:结婚还是独身,要不要一个家?不过,在大多数情形下,这个问题的解决权并不掌握在思考者手中,抽象的决定往往会在个人支配不了的生活实践中改变或放弃。据我观察,不管是因为本性还是因为习俗,坚定的独身主义者是很少的,实际生活中的独身者多半并非出于信念自觉地选择了独身,而是由于机遇不佳无奈地接受了独身。

当然啦,的确有极少数男人在本性上与家庭生活格格不入。这主要是两类,我称之为极端风流型的男人和极端事业型的男人。多数男人(姑且不论女人)的天性中都有风流的因子,但常常能够自觉地(因为珍惜现有的婚爱）或被迫地（因为实际的利害关系）加以克制。当今一种时髦的做法是顾家和风流两不误，一旦发生冲突，如果办得到的话，就暂时牺牲风流而保全家庭。如果一个男人风流到了妻离子散在所不惜的地步，并且只是风流成性而不是因为堕入了新的情网，那么，他就可以称作极端风流型的男人，他应该看清自己的天性，永远断绝成家的念头。

至于所谓极端事业型的男人，我是指事业上的迷狂者，这种人只有一根筋，除了他所醉心的事业之外，对人生中的其余内容一概不感兴趣，并且极其无能。这样的人很可能是某一领域的天才，我们无权用常识来衡量他。但他毕竟不适合过普通的家庭生活，却也是事实。要他担负起一个丈夫或一个父亲的责任，等于是巨大的灾难。当然，倘若有可敬的女性甘愿献身，服侍他的起居，于他也许是幸事。可惜的是，很少有女人甘愿只当丈夫的保姆，哪怕她的丈夫是一个天才。

写到这里，我可以对自己下一断定了：我不是一个极端的男人。换一句话说，我是一个比较中庸的男人。如果要找恋家的理由，这算是一个吧。

2002.2

孤岛断想二则

一 小爱和大爱

住在岛上,最令我思念不已的是远方的妻女。每个周末,我都要借助价格昂贵的越洋电话与她们通话,只是为了听一听熟悉的声音。新年之夜,在周围的一片热闹中,我的寂寞的心徒劳地扑腾着欲飞的翅膀。

那么,我是一个恋家的男人了。

我听见一个声音责问我:你的尘躯如此执迷于人世间偶然的暂时的因缘,你的灵魂如何能走上必然的永恒的真理之路呢?二者必居其一:或者你慧根太浅,本质上是凡俗之人,或者你迟早要斩断尘缘,皈依纯粹的精神事业。

我知道,无论佛教还是基督教,都把人间亲情视为觉悟的障碍。乔答摩王子弃家出走,隐居丛林,然后才成佛陀。耶稣当着教众之面,不认前来寻他的母亲和兄弟,只认自己的门徒是亲人。然而,我对这种绝情之举始终不能赞赏。

诚然,在许多时候,尘躯的小爱会妨碍灵魂的大爱,俗世的拖累会阻挡精神的步伐。可是,也许这正是检验一个人的心灵力度的场合。难的不是避世修行,而是肩负着人世间的重负依然走在朝圣路上。一味沉涵于小爱固然是一种迷妄，以大爱否定小爱也是一种迷妄。大爱者理应不弃小爱，而以大爱赋予小爱以精神的光芒，在爱父母、爱妻子、爱儿女、爱朋友中也体味到一种万有一体的情怀。一个人只要活着，他的灵魂与肉身就不可能截然分开，在他的尘世经历中处处可以辨认出他的灵魂行走的姿态。唯有到了肉身死亡之时，灵魂摆脱肉身才是自然的，在此之前无论用什么方式强行分开都是不自然的，都是内心紧张和不自信的表现。不错，在一切对尘躯之爱的否定背后都隐藏着一个动机，就是及早割断和尘世的联系，为死亡预做准备。可是，如果遁入空门，禁绝一切生命的欲念，借此而达于对死亡无动于衷，这算什么彻悟呢？真正的彻悟是在恋生的同时不畏死，始终怀着对亲人的挚爱，而在最后时刻仍能从容面对生死的诀别。

二　偶然性的价值

　　我飞越了大半个地球，降落在这个岛上。在地球那一方的一个城市里，有我的家，有我的女人和孩子，这个家对于我至关重要，无论我走得多远都要回到这个家去。在地球的广大区域里，还有许多国家、城市和村庄，无数男人、女人和孩子在其中生活着。如果我降生在另一个国度和地方，我就会有一个完全不同的家，对我有至关重要意义的就会是那一个家，而不是我现在的家。既然家是这么偶然的一种东西，对家的依恋到底有什么道理？

我爱我的妻子，可世上并无命定的姻缘，任何一个男人与任何一个女人的结合都是偶然的。如果机遇改变，我就会与另一个女人结合，我的妻子就会与另一个男人结合，我们各人都会有完全不同的人生故事。既然婚姻是这么偶然的一种东西，那么，受婚姻的束缚到底有什么道理？

可是，顺着这个思路想下去，我就不可避免地遇到最后一个问题：我的生存本身便是一个纯粹的偶然性，我完全可能没有降生到这个世界上来，那么，我活着到底有什么道理？

我不愿意我活着没有道理，我一定要给我的生存寻找一个充分的理由，我的确这么做了。而一旦我这么做，我就发现，那个为我的生存镀了金的理由同时也为我生命中的一系列偶然性镀了金。

我相信了，虽然我的出生纯属偶然，但是，既然我已出生，宇宙间某种精神本质便要以我为例来证明它的存在和伟大。否则，如果一切生存都因其偶然而没有价值，永恒的精神之火用什么来显示它的光明呢？

接着我相信了，虽然我和某一个女人的结合是偶然的，由此结合而产生的那个孩子也是偶然的，但是，这个家一旦存在，上帝便要让我藉之而在人世间扎下根来。否则，如果一切结合都因其偶然而没有价值，世上有哪一个女人能够给我一个家园呢？

我知道，我的这番论证是正确的，因为所论证的那种情感在我的心中真实地存在着。我还知道，我的这番论证是不必要的，因为既然我爱我自己这个偶然性，我就不能不爱一切偶然性。

2001.1

婚姻与爱情

爱情似花朵，结婚便是它的果实。植物界的法则是，果实与花朵不能两全，一旦结果，花朵就消失了。由此的类比是，一旦结婚，爱情就消失了。

有没有两全之策呢？

有的，简单极了，只须改变一下比喻的句法：未结婚的爱情如同未结果的花朵的美，而结了婚的爱情则如同花已谢的果实的美。是的，果实与花朵不能两全，果实不具有花朵那种绚烂的美，但果实有果实的美，只要它是一颗饱满的果实，只要你善于欣赏它。

植物不会为花落伤心。人是太复杂了，他在结果以后仍然缅怀花朵，并且用花朵的审美标准批判果实，终于使果实患病而失去了属于它的那一种美。

爱情不风流，它是两性之间最严肃的一件事。风流韵事频繁之处，往往没有爱情。爱情也未必浪漫，浪漫只是爱情的早期形态。在浪漫结束之后，一个爱情是随之结束，还是推进为亲密持久的伴侣之情，最能见出这个爱情的质量高低。

无论如何，你对一个女人的爱倘若不是半途而废，就不能停留在仅仅让她做情人，还应该让她做妻子和母亲。只有这样，你才亲手把她变成了一个完整的女人，从而完整地得到了她，你们的爱情也才有了一个完整的过程。至于这个过程是否叫作婚姻，倒是一件次要的事情。

圣经记载，上帝用亚当身上的肋骨造成一个女人，于是世上有了第一对夫妇。据说这一传说贬低了女性。可是，亚当说得明白："这是我的骨中之骨，肉中之肉。"今天有多少丈夫能像亚当那样，把妻子带到上帝面前，问心无愧地说出这话呢？

如果说短暂的分离促进爱情，长久的分离扼杀爱情，那么，结婚倒是比不结婚占据着一个有利的地位，因为它本身是排除长久的分离的，我们只需要为它适当安排一些短暂的分离就行了。

再好的婚姻也不能担保既有的爱情永存，杜绝新的爱情发生的可能性。不过，这没有什么不好。世上没有也不该有命定的姻缘。靠闭关自守而得维持其专一长久的爱情未免可怜，唯有历尽诱惑而不渝的爱情才富有生机，真正值得自豪。

爱情有太多的变数，不完全是人力所能控制，可是，因相爱而结婚的人至少应争取把变数减到最小量。

我一直认为，结婚和独身各有利弊，而只要相爱，无论结不结婚都是好的。我不认为婚姻能够保证爱情的稳固，但我也不认为婚姻会导致爱情的死亡。一个爱情的生命取决于它自身的质量和活力，事实上与婚姻无关。既然如此，就不必刻意追求或者拒绝婚姻的形式了。

当然，婚姻有一个最大的弊病，就是对独处造成威胁。对于一个珍爱心灵生活的人来说，独处无疑是一种神圣的需要。不过，如果双方都能够领会此种需要，并且做出适当的安排，我相信是可以把婚姻对独处的威胁减低到最小限度的。

人们常说，婚姻是爱情的坟墓。就那种密不透风的婚姻来说，此话是真理，爱情在其中真是要被活埋致死的。还有一种情况是，爱情已经死去，婚姻仍不解除，这时的婚姻便成了一座内有尸体的坟墓，尸体会继续腐烂，败坏固守其旁的人的健康。

有人担心没有婚姻，爱情就死无葬身之地。其实，爱情是天使，它死了，何必留下尸体，又何需乎看得见的坟墓呢？长年守着一具腐败的尸体，岂不会扼杀对爱情的一切美好回忆？

在别的情形下，仇人可以互相躲开，或者可以决一死战，在婚姻中都不能。明明是冤家，偏偏躲不开，也打不败，非朝夕相处不可。不幸的婚姻之所以可怕，就在于此。这种折磨足以摧垮最坚强的神经。

其实，他们本来是可以不做仇人的，做不了朋友，也可以做路人。

冤家路窄，正因为路窄才成冤家。

想开点，路何尝窄？

离婚毕竟是一种撕裂，不能不感到疼痛。当事人愈冷静，疼痛感愈清晰。尤其是忍痛割爱的一方，在她（他）的冷静中自有一种神圣的尊严，差不多可以和从容赴死的尊严媲美。她（他）以这种方式最大限度地抢救了垂危婚姻中一切有价值的东西，将它们保存在双方的记忆中了。相反，战火纷飞，血肉模糊，疼痛感会麻痹，而一切曾经有过的美好的东西连同对它们的记忆也就真正毁灭了。

每当看见老年夫妻互相搀扶着，沿着街道缓缓地走来，我就禁不住感动。他们的能力已经很微弱，不足以给别人以帮助。他们的魅力也已经很微弱，不足以吸引别人帮助他们。于是，他们就用衰老的手臂互相搀扶着，彼此提供一点儿尽管太少但极其需要的帮助。

年轻人结伴走向生活，最多是志同道合。老年人结伴走向死亡，才真正是相依为命。

夫妇之间，亲子之间，情太深了，怕的不是死，而是永不再聚的失散，以至于真希望有来世或者天国。佛教说诸法因缘生，教导我们看破无常，不要执着。可是，千世万世只能成就一次的佳缘，不管是遇合的，还是修来的，叫人怎么看得破。

婚姻不是天堂

好的婚姻是人间，坏的婚姻是地狱。别想到婚姻中寻找天堂。

人终究是要生活在人间的，而人间也自有人间的乐趣，为天堂所不具有。

正像恋爱能激发灵感一样，婚姻会磨损才智。家庭幸福是一种动物式的满足状态。要求两个人天天生活在一起，既融洽相处，又保持独特，未免太苛求了。

家太平凡了，再温馨的家也充满琐碎的重复，所以家庭生活是难以入诗的。相反，羁旅却富有诗意。可是，偏偏在羁旅诗里，家成了一个中心意象。只有在"孤舟五更家万里"的情境中，我们才真正感受到家的可贵。

性是肉体生活，遵循快乐原则。爱情是精神生活，遵循理想原则。婚姻是社会生活，遵循现实原则。这是三个完全不同的东西。婚姻的困难在于，如何在同一个异性身上把三者统一起来，不让习以为常麻痹性的诱惑和快乐，不让琐碎现实损害爱的激情和理想。

如果认为单凭激情就能对付年复一年充满琐碎内容的日常共同生活，未免太天真了。爱情仅是感情的事，婚姻却是感情、理智、意志三方面通力合作的结果。因此，幸福的婚姻必定比幸福的爱情稀少得多。理想的夫妇关系是情人、朋友、伴侣三者合一的关系，兼有情人的热烈、朋友的宽容和伴侣的体贴。三者缺一，便有点美中不足。然而，既然世上许多婚姻竟是三者全无，你若能拥有三者之一也就应当知足了。

可以用两个标准来衡量婚姻的质量，一是它的爱情基础，二是它的稳固程度。这两个因素之间未必有因果关系，所谓"佳偶难久"，热烈的爱情自有其脆弱的方面，而婚姻的稳固往往更多地取决于一些实际因素。两者俱佳，当然是美满姻缘。然而，如果其中之一甚强而另一稍弱，也就算得上是合格的婚姻了。

有三种婚姻：一、以幻想和激情为基础的艺术型婚姻；二、以欺骗和容忍为基础的魔术型婚姻；三、以经验和方法为基础的技术型婚姻。
就稳固程度而论，技术型最上，魔术型居中，艺术型最下。

人真是什么都能习惯，甚至能习惯和一个与自己完全不同的人生活一辈子。
习惯真是有一种不可思议的力量，甚至能使夫妇两人的面容也渐渐变得相似。

男人和女人的结合，两个稳定得稳定，一个易变、一个稳定得易变，两个易变可得稳定，可得易变。

恋爱时闭着的眼睛，结婚使它睁开了。恋爱时披着的服饰，结婚把它脱掉了。她和他惊讶了："原来你是这样的？"接着气愤了："原来你是这样的！"而事实上的他和她，诚然比从前想象的差些，却要比现在发现的好些。

结婚是一个信号，表明两个人如胶似漆仿佛融成了一体的热恋有它的极限，然后就要降温，适当拉开距离，重新成为两个独立的人，携起手来走人生的路。然而，人们往往误解了这个信号，反而以为结了婚更是一体了，结果纠纷不断。

孤独是最适宜于写作的心境。

在大多数情况下，婚姻生活是恩爱和争吵的交替，因比例不同而分为幸福与不幸。恩爱将孤独催眠，争吵又将孤独击昏。两者之间的间歇何其短暂，孤独来不及苏醒。

所以，写作者也许不宜结婚。

在夫妻吵架中没有胜利者，结局不是握手言和，就是两败俱伤。

把自己当作人质，通过折磨自己使对方屈服，是夫妇之间争吵经常使用的喜剧性手段。一旦这手段失灵，悲剧就要拉开帷幕了。

"看来，要使丈夫品行端正，必须家有悍妻才行。"
"那只会使丈夫在别的坏品行之外，再加上一个坏品行：撒谎。"

"我们两人都变傻了。"
"这是我们婚姻美满的可靠标志。"

人们常说，牢固的婚姻要以互相信任为前提。这当然不错，但还不够，必须再加上互相宽容才行。

在两人相爱的情形下，各人的确仍然可能和别的异性发生瓜葛，这是一个可在理论上证明并在经验中证实的确凿事实。由于不宽容，本来可以延续的爱情和婚姻毁于一旦了。

所以，我主张：相爱者在最基本的方面互相信任，即信任彼此的爱，同时在比较次要的方面互相宽容，即宽容对方偶然的越轨行为。唯有如此，才能保证婚姻的稳固，避免不该发生的破裂。

在婚姻问题上，无人能拿出一种必定成功的理论。宽松也未必错，捆绑肯定比宽松更糟，关键也许在于在宽松的前提下双方都绝不滥用自由。说到底，宽松也罢，捆绑也罢，你真想偷情是谁也拦不住的，就看你是否珍惜现有的婚爱了。

婚姻是一种契约关系。一个小小的谬想：既然如此，为什么不像别的契约一样，为它规定一个适当的期限呢？譬如说，五年为期，期满可以续订，否则自动失效。

这样做至少有以下好处：

一、削弱婚姻容易造成的占有心理，双方更加尊重自己和对方的独立人格；

二、变"终身制"为"竞选制"，表现好才能"连选连任"，无疑有助于增强当事人维护爱情的责任心；

三、提高婚姻的质量，及时淘汰劣质和变质婚姻，并且使这种淘汰和平实现，无须经过大伤元气的离婚战；

四、白头偕老仍然是可能的，且更加有权感到自豪，因为每一回都重新选择对方的行动明白无误地证明了这是出于始终如一的爱情，而非当今比比皆是的那种无可奈何的凑合。

一个已婚男子为自己订立的两点守则：一、不为了与任何女子有暧昧关系而装出一副婚姻受害者的苦相；二、不因为婚姻的满意而放弃欣赏和结交其他可爱的女性。

第五辑

说孩子

新大陆

一 奇迹

四月的一个夜晚,那扇门打开了,你的出现把我突然变成了一个父亲。

在我迄今为止的生涯中,成为父亲是最接近于奇迹的经历,令我难以置信。以我凡庸之力,我怎么能从无中把你产生呢?不,必定有一种神奇的力量运作了无数世代,然后才借我产生了你。没有这种力量,任何人都不可能成为父亲或母亲。

所以,对于男人来说,唯有父亲的称号是神圣的。一切世俗的头衔都可以凭人力获取,而要成为父亲却必须仰仗神力。

你如同一朵春天的小花开放在我的秋天里。为了这样美丽的开放,你在世外神秘的草原上不知等待了多少个世纪?

由于你的到来,我这个不信神的人也对神充满了敬意。无论如何,一个亲自迎来天使的人是无法完全否认上帝的存在的。你的奇迹般的诞生使我相信,生命必定有着一个神圣的来源。

望着你,我禁不住像泰戈尔一样惊叹:"你这属于一切人的,竟成了我的!"

二　摇篮与家园

今天你从你出生的医院回到家里，终于和爸爸妈妈团圆了。

说你"回"到家里，似不确切，因为你是第一次来到这个家。

不对，应该说，你来了，我们才第一次有了一个家。

孩子是使家成其为家的根据。没有孩子，家至多是一场有点儿过分认真的爱情游戏。有了孩子，家才有了自身的实质和事业。

男人是天地间的流浪汉，他寻找家园，找到了女人。可是，对于家园，女人有更正确的理解。她知道，接纳了一个流浪汉，还远远不等于建立了一个家园。于是她着手编织一只摇篮，——摇篮才是家园的起点和核心。在摇篮四周，和摇篮里的婴儿一起，真正的家园生长起来了。

屋子里有摇篮，摇篮里有孩子，心里多么踏实。

三　最得意的作品

你的摇篮放在爸爸的书房里，你成了这间大屋子的主人。从此爸爸不读书，只读你。

你是爸爸妈妈合写的一本奇妙的书。在你问世前，无论爸爸妈妈怎么想象，也想象不出你的模样。现在你展现在我们面前，那么完美，仿佛不能改动一字。

我整天坐在摇篮旁，怔怔地看你，百看不厌。你总是那样恬静，出奇地恬静，小脸蛋闪着洁净的光辉。最美的是你那双乌黑澄澈的眼睛，一会儿弯成妩媚的月牙，掠过若有若无的笑意，一会儿睁大着久久凝望空间中某处，目光执着而又超然。我相信你一定在倾听什么，但永远无法知道你听到了什么，真使我感到神秘。

看你这么可爱，我常常禁不住要抱起你来，和你说话。那时候，你会盯着我看，眼中闪现两朵仿佛会意的小火花，嘴角微微一动似乎在应答。

你是爸爸最得意的作品，我读你读得入迷。

四 舍末求本

我退学了。这是德国人办的一所权威性的语言学校，拿到这所学校的文凭，差不多等于拿到了去德国的通行证。

可是，此时此刻，即使请我到某个国家去当国王或议员，我也会轻松地谢绝的。当我的孩子如此奇妙地存在着和生长着的时候，我别无选择。你比一切文凭、身份、头衔、幸遇更加属于我的生命的本质。你使我更加成其为一个人，而别的一切至多只是使我成为一个幸运儿。我宁愿错过一千次出国或别的什么好机会，也不愿错过你的每一个笑容和每一声啼哭，不愿错过和你相处的每一刻不可重复的时光。

如果有人讥笑我没有出息，我乐于承认。在我看来，有没有出息也只是人生的细枝末节罢了。

五　心甘情愿的辛苦

未曾生儿育女的人，不可能知道父母的爱心有多痴。

在怀你之前，我和妈妈一直没有拿定主意要不要孩子。甚至你也是一次"事故"的产物。我们觉得孩子好玩，但又怕带孩子辛苦。有了你，我们才发现，这种心甘情愿的辛苦是多么有滋有味，爸爸从给你换尿布中品尝的乐趣不亚于写出一首好诗！

这样一个肉团团的小躯体，有着和自己相同的生命密码，它所勾起的如痴如醉的恋和牵肠挂肚的爱，也许只能用生物本能来解释了。

哲学家会说，这种没来由的爱不过是大自然的狡计，它借此把乐于服役的父母们当成了人类种族延续的工具。好吧，就算如此。我但有一问：当哲学家和诗人怀着另一种没来由的爱从事精神的劳作时，他们岂非也不过是充当了人类文化延续的工具？

六　你、我和世界

你改变了我看世界的角度。

我独来独往，超然物外。如果世界堕落了，我就唾弃它。如今，为了你有一个干净的住所，哪怕世界是奥吉亚斯的牛圈，我也甘愿坚守其中，承担起清扫它的苦役。

我旋生旋灭，看破红尘。我死后世界向何处去，与我何干？如今，你纵然也不能延续我死后的生存，却是我留在世上的一线扯不断的牵挂。有一根纽带比我的生命更久长，维系着我和我死后的世界，那就是我对你的祝福。

有了你，世界和我息息相关了。

七　弱小的力量

我已经厌倦了做暴君的奴隶，却被你的弱小所征服。

你的力量比不上一株小草，小草还足以支撑起自己的生命，你只能用啼哭寻求外界的援助。可是你的啼哭是天下最有权威的命令，一声令下，妈妈的乳头已经为你擦拭干净，爸爸也已经用臂弯为你架设一只温暖的小床。

此刻你闭眼安睡了。你的小身子信赖地依偎在我的怀里，你的小手紧紧抓住我的衣襟。闻着你身上散发的乳香味，我不禁流泪了。你把你的小生命无保留地托付给我，相信在爸爸的怀里能得到绝对的安全。你怎么知道，爸爸连他自己也保护不了，我们的生命都在上帝的掌握之中。

不过，对于爸爸妈妈，你的弱小确有非凡之力。唯其因为你弱小，我们的爱更深，我们的责任更重，我们的服务更勤。你的弱小召唤我们迫不及待地为你献身。

八　续写《人与永恒》

朋友来信向我道贺："你补上了《人与永恒》中的一章，并且是最奇妙的一章。"

说得对。

我曾经写过一本题为《人与永恒》的书，书中谈了生与死、爱与孤独、哲学与艺术、写作与天才、女人与男人等，唯独没有谈孩子。我没有孩子，也想不起要谈孩子。孩子真是可有可无，我不觉得我和我的书因此有什么欠缺。现在我才知道，男人不做一回父亲，女人不做一回母亲，实在算不上完整的人。一个人不亲自体验一下创造新生命的神秘，实在没有资格奢谈永恒。

并不是说，养儿育女是人生在世的一桩义务。我至今仍蔑视一切义务。可是，如果一个男人的父性、一个女人的母性——人性中最人性的部分——未得实现，怎能有完整的人性呢？

并不是说，传宗接代是个体死亡的一种补偿。我至今仍不相信任何补偿。可是，如果一个人不曾亲自迎接过来自永恒的使者，不曾从婴儿尚未沾染岁月尘埃的目光中品读过永恒，对永恒会有多少真切的感知呢？

孩子的确是《人与永恒》中不可缺少的一章，并且的确是最奇妙的一章。

九　孩子带引父母

我记下我看到的一个场景——

黄昏时刻,一对夫妇带着他们的孩子在小河边玩,兴致勃勃地替孩子捕捞河里的蝌蚪。

我立即发现我的记述有问题。真相是——

黄昏时刻,一个孩子带着他的父母在小河边玩,教他们兴致勃勃地捕捞河里的蝌蚪。

像捉蝌蚪这类"无用"的事情,如果不是孩子带引,我们多半是不会去做的。我们久已生活在一个功利的世界里,只做"有用"的事情,而"有用"的事情是永远做不完的,哪里还有工夫和兴致去玩,去做"无用"的事情呢?直到孩子生下来了,在孩子的带引下,我们才重新回到那个早被遗忘的非功利的世界,心甘情愿地为了"无用"的事情而牺牲掉许多"有用"的事情。

所以,的确是孩子带我们去玩,去逛公园,去跟踪草叶上的甲虫和泥地上的蚂蚁。孩子更新了我们对世界的感觉。

十　凡夫俗子与超凡脱俗

在哲学家眼里,生儿育女是凡夫俗子的行为。这自然不错。不过,我要补充一句：生儿育女又是凡夫俗子生涯中最不凡俗的一个行为。

婴儿都是超凡脱俗的，因为他们刚从天国来。再庸俗的父母，生下的孩子绝不庸俗。有时我不禁惊诧，这么天真可爱的孩子怎么会出自如此平常的父母。

当然，这不值得夸耀。正如纪伯伦所说："他们是凭借你们而来，却不是从你们而来。"但是，能够成为凭借，这就已经是一种光彩了。

孩子的世界是尘世上所剩不多的净土之一。凡是走进这个世界的人，或多或少会受孩子的熏陶，自己也变得可爱一些。

孩子的出生为凡夫俗子提供了一个机会。被孩子的明眸所照亮，多少因岁月的消蚀而暗淡的心灵又焕发出了人性的光辉，成就了可歌可泣的爱的事业。一个人倘若连孩子都不能给他以启迪，他反而要把孩子拖上他的轨道，那就真是不可救药的凡夫俗子了。

十一　忘恩负义的父母

过去常听说，做父母的如何为子女受苦、奉献、牺牲，似乎恩重如山。自己做了父母，才知道这受苦的同时就是享乐，这奉献的同时就是收获，这牺牲的同时就是满足。所以，如果要说恩，那也是相互的。而且，越有爱心的父母，越会感到所得远远大于所予。

对孩子的爱是一种自私的无私，一种不为公的舍己。这种骨肉之情若陷于盲目，真可以使你为孩子牺牲一切，包括你自己，包括天下。

其实，任何做父母的，当他们陶醉于孩子的可爱时，都不会以恩主自居。一旦以恩主自居，就必定是已经忘记了孩子曾经给予他们的巨大快乐，也就是说，忘恩负义了。人们总谴责忘恩负义的子女，殊不知天下还有忘恩负义的父母呢。

十二　做父母才学会爱

我们从小就开始学习爱，可是我们最擅长的始终是被爱。直到我们自己做了父母，我们才真正学会了爱。

在做父母之前，我们不是首先做过情人吗？

不错，但我敢说，一切深笃的爱情必定包含着父爱和母爱的成分。一个男人深爱一个女人，一个女人深爱一个男人，潜在的父性和母性就会发挥作用，不由自主地要把情人当作孩子一样疼爱和保护。

然而，情人之爱毕竟不是父爱和母爱。所以，一切情人又都太在乎被爱。

顺便说一点对弗洛伊德的异议。依我之见，所谓恋父和恋母情结，与其说是无意识固结于对父母的爱恋，毋宁说是固结于被父母所爱。固结于被爱，爱就难免会有障碍了。

当我们做了父母，回首往事，我们便会觉得，以往爱情中最动人的东西仿佛是父爱和母爱的一种预演。与正剧相比，预演未免相形见绌。不过，成熟的男女一定会让彼此都分享到这新的收获。谁真正学会了爱，谁就不会只限于爱子女。

十三　报酬就在眼前

人生中一切美好的事情，报酬都在眼前。爱情的报酬就是相爱时的陶醉和满足，而不是有朝一日缔结良缘。创作的报酬就是创作时的陶醉和满足，而不是有朝一日名扬四海。如果事情本身不能给人以陶醉和满足，就不足以称为美好。

养儿育女也如此。养育小生命或许是世上最妙不可言的一种体验了。小的就是好的，小生命的一颦一笑都那么可爱，交流和成长的每一个新征兆都叫人那样惊喜不已。这种体验是不能从任何别的地方获得，也不能用任何别的体验来代替的。一个人无论见过多大世面，从事多大事业，在初当父母的日子里，都不能不感到自己面前突然打开了一个全新的世界。小生命丰富了大心胸。生命是一个奇迹，可是，倘若不是养育过小生命，对此怎能有真切的领悟呢？面对这样的奇迹，邓肯情不自禁地喊道："女人啊，我们还有什么必要去当律师、画家或雕塑家呢？我的艺术、任何艺术又在哪里呢？"如果野心使男人不肯这么想，那绝不是男人的光荣。

养育小生命是人生中的一段神圣时光。报酬就在眼前。至于日后孩子能否成材，是否孝顺，实在无须考虑。那些"望子成龙""养儿防老"的父母亵渎了神圣。

十四　付出与爱

许多哲人都探讨过一个极普遍的现象：为什么父母爱儿女远胜于儿女爱父母？

亚里士多德把施惠者与受惠者的关系譬作诗人与作品、父母与儿女的关系，用后两种关系来说明施惠者何以更爱受惠者的道理。他的这个说法稍加变动，就被蒙田援引为对上述现象的解释了：父母更爱儿女，乃是因为给予者更爱接受者，世上最珍贵之物是我们为之付出最大代价的东西。

阿奎那则解释说：父母是把儿女当作自身的一部分来爱的，儿女却不可能把父母当作自身的一部分。这个解释与蒙田的解释是一致的。正因为父母在儿女身上耗费了相当一部分生命，才使儿女在相当程度上成了他们生命的一部分。

付出比获得更能激发爱。爱是一份伴随着付出的关切。我们确实最爱我们倾注了最多心血的对象。"是你为你的玫瑰花费的时间，使你的玫瑰变得这样重要。"

父母对儿女的爱的确很像诗人对作品的爱：他们如同创作一样在儿女身上倾注心血，结果儿女如同作品一样体现了他们的存在价值。但是，让我们记住，这只是一个譬喻，儿女不完全是我们的作品。即使是作品，一旦发表，也会获得独立于作者的生命，不是作者可以支配的。昧于此，就会可悲地把对儿女的爱变成惹儿女讨厌的专制了。

十五　亲子之爱与性爱

让我对亲子之爱和性爱做一比较。

从理论上说，两者都植根于人的生物性：亲子之爱为血缘本能，性爱为性欲。但血缘关系是一成不变的，性欲对象却是可以转移的。也许因为这个原因，亲子之爱要稳定和专一得多。在性爱中，喜新厌旧、见异思迁是寻常事。我们却很难想象一个人会因喜欢别人的孩子而厌弃自己的孩子。孩子愈幼小，亲子关系的生物学性质愈纯粹，就愈是如此。君不见，欲妻人妻者比比皆是，欲幼人幼者寥寥无几。

当然，世上并非没有稳定专一的性爱，但那往往是非生物因素起作用的结果。性爱的生物学性质愈纯粹，也就是说，愈是由性欲自发起作用，则性爱愈难专一。

有人说性关系是人类最自然的关系，怕未必。须知性关系是两个成年人之间的关系，因而不可能不把他们的社会性带入这种关系中。相反，当一个成年人面对自己的幼崽时，他便不能不回归自然状态，因为一切社会性的附属物在这个幼小的对象身上都成了不起作用的东西，只好搁置起来。随着孩子长大，亲子之间社会关系的比重就愈来愈增加了。

我发现，一个人带孩子往往比两个人带得好，哪怕那是较为笨拙的一方。其原因大约就在于，独自和孩子在一起，这时只有自然关系，是一种澄明；两人一起带孩子，则带入了社会关系，有了责任和方法的纷争。

亲子之爱的优势在于：它是生物性的，却滤尽了肉欲；它是无私的，却与伦理无关；它非常实在，却不沾一丝功利的计算。

那么，俄狄浦斯怎么说？尊老爱幼公约怎么说？养儿防老怎么说？跟你们没什么说的。

十六　真假亲子之爱

我说亲子之爱是无私的，这个论点肯定会遭到强有力的反驳。

可不是吗，自古以来酝酿过多少阴谋，爆发了多少战争，其原因就是为了给自己的血亲之子争夺王位。

可不是吗，有了遗产继承人，多少人的敛财贪欲恶性膨胀，他们不但要此生此世不愁吃穿，而且要世世代代永享富贵。

这么说，亲子之爱反倒是天下最自私的一种爱了。

但是，我断然否认那个揪着正在和小伙伴们玩耍的儿子的耳朵，把他强按在国王宝座上的母亲是爱她的儿子。我断然否认那个夺走女儿手中的破布娃娃，硬塞给她一枚金币的父亲是爱他的女儿。不，他们爱的是王位和金币，是自己，而不是那幼小纯洁的生命。

如果王位的继承迫在眉睫，刻不容缓，而这位母亲却挡住前来拥戴小王子即位的官宦们说:"我的孩子玩得正高兴,别打扰他,随便让谁当国王好了!"如果一笔大买卖机不可失,时不再来,而这位父亲却对自己说:"我必须帮我的女儿找到她心爱的破布娃娃,她正哭呢,那笔买卖倒是可做可不做。"——那么,我这才承认我看到了一位真正懂得爱孩子的母亲或父亲。

十七　圆满

照片上的这个婴儿是我吗?母亲说是的。然而,在我的记忆中,没有蛛丝马迹可寻。我只能说,他和我完全是两个人,其间的联系仅仅存在于母亲的记忆中。

我最早的记忆可以追溯到三岁,再往前便是一片空白。无论我怎么试图追忆我生命最初岁月的情景,结果总是徒劳。如果说每个人的一生是一册书,那么,它的最初几页保留着最多上帝的手迹,而那几页却是每个人自己永远无法读到的了。我一遍遍翻阅我的人生之书,绝望地发现它始终是一册缺损的书。

可是,现在,当我自己做了父亲,守在摇篮旁抚育着自己的孩子时,我觉得自己在某种意义上好像是在重温那不留痕迹地永远失落了的我的摇篮岁月,从而填补了记忆中一个似乎无法填补的空白。我恍然悟到,原来万能的上帝早已巧作安排,使我们在适当的时候终能读全这本可爱的人生之书。

面对我的女儿,我收起了我幼年的照片。眼前这个活生生的小生命与我的联系犹如呼吸一样实在,我的生命因此而圆满了。

1990.5

携小女远游

小女啾啾,芳龄四个月,忽一日被她的异想天开的爸妈带上飞机,飞行六千里,降落在海南岛上。人说,孩子这么小,你们可真胆大。妈妈抱歉地笑笑:"北京冷,家里背阴,带她来晒太阳。"

其实爸妈都是出差,应邀来参加同一个学术会议。爸爸是学者,有讨论的责任。妈妈是编辑,有组稿的任务。四个月的婴儿生活不能自理,除了跟随前来,别无选择。于是,在这个以现象学为主题的学术会议上,有了特别的一景:一辆童车,推到东,推到西,出现在各种场合,童车里坐着一个小胖娃娃。

现象学的鼻祖胡塞尔有一句名言:"回到事物本身。"可是他把那漫长的归路筑成了一个巨大的迷宫,使许多追随者身陷其中而不得出。当此之时,我弯身从童车里抱起啾啾,自言道:这就是我的"回到事物本身"。

啾啾是一个很好带的孩子,这是我们敢于带她出远门的基本依据。迄今为止,她一直吃母乳,不必专门为她调制别的饲料。我们用餐时,顺便给她喂点什么,她又都欣然接受,把小嘴咂巴得津津有味。她还自动养成了一些好习惯,例如,夜里一觉睡到天亮,有明确的把屎把尿的意识。她肯定不喜欢屎糊在屁股上的感觉，非常能忍，证据是很少发生这种事，几天里难得有一回，而在把她时往往立刻就拉出一堆来。凡此种种，省去了我们许多麻烦。

到海南那天，不巧是个阴雨天，飞机在海口上空盘旋良久，然后突然继续向南飞去了。通知说，海南机场已经关闭，只好降到三亚。在三亚降落后，又马上乘大巴折回海口。空陆旅程，加起来近九小时，一般旅客也不胜劳顿，何况一个婴儿。可是，在全部旅途中，啾啾不曾哭过一声。她一向不爱哭闹，我们已经习惯了，同机的旅客却不禁啧啧称奇。

海南十日，啾啾始终快快乐乐的，证实了自己是一个胜任的小旅行家。

啾啾生在夏天，我相信她对夏天情有独钟。从北京到海南，就好像从严冬一下子回到了盛夏，棉衣、毛衣、衬衣通统脱下了，只穿一件红肚兜，近乎赤身裸体。她喜欢赤身裸体，在北京家里，每天洗澡时是她最欢快的时候，洗毕给她穿衣服则必定要遭到她的一番反抗。现在好了，她可以尽兴地停留在她的乐园里了。她一定有了一种突然解放的感觉，简直是有力没处使。一位朋友抱着她在餐厅里巡游，猝不及防，发现她已经顺手从一个花盆里折断一大枝花叶，高高地举在手中。

突然置身在这么多陌生的人和事物中，她不免兴奋，眼睛几乎不够用。她对一切都感兴趣，都要注视，妈妈说她"爱管闲事"。不过，有些东西格外能引起她的注意。有一回，我抱她站在一只大鱼缸前，鱼缸里的热带鱼大而美丽，形状各异，我也未尝看见过。只见她急切地探出身子，小脸蛋差不多贴到了玻璃上，目不转睛地追踪在缸里游动的鱼，一条游远了，又追踪另一条，丝毫不知疲倦。她的眼神充满惊讶，把我也感染得不迭地用惊讶的眼光重新打量鱼缸里的奇迹。

面对众多陌生的面孔，啾啾有一种特别的能耐。她一定会在这众多的面孔里选中某一个，我不知道她的标准是什么，但这样的选择必会发生。然后，那张面孔就惨了，她要集中力量打歼灭战了。其武器是执拗的不动声色的盯视，真正是肆无忌惮，直盯得那张面孔不自在起来，不得不逃避或者做出反应。倘若那反应是积极的，她倒也投桃报李，以笑容回报笑容。对于肯放下架子用丑态怪相大呼小叫逗她的大人，她基本上是慷慨的，往往还给你一个仰天大笑。不折不扣是仰天大笑，仰着脸，笑声洪亮悠长，她笑起来真有一股豪爽劲。

如果啾啾对这趟海南之行有记忆，最忆的当然是大海。我们住在海边一个新建的度假村里，出门就是海。这里有长长的沙滩，迄今为止尚人迹罕至，偶尔遇见的唯有拾荒的渔民。啾啾常常赤着一双小小的足，由我们搀扶着，在沙滩上挪步。她低头看自己的小脚丫，看沙，一脸惊异，她的身后留下一串小小的脚印。背景是一望无际的大海，万顷蓝波，千层白浪，把她的小身体衬托得格外小。

我想象不出大海给她的是什么印象。大海，这一切陌生者之中的最陌生者，以千古不歇的涛声固守着永恒的沉默。可是，谁知道呢，在人类中间，也许正是婴儿最与大海亲近。如果最早的古希腊哲人泰勒斯的话有道理，大海便是孕育一切生命的子宫，而刚刚离开子宫的婴儿则是大海向人类派遣的信使。凡敬畏大海的人，也一定会对婴儿携带的神秘信息怀有同样的感情。无怪乎在许多伟大的哲人、诗人、科学家眼里，在海边玩沙和拾贝的孩子的形象不约而同地成了一个最有意蕴的譬喻。

啾啾实在太小了，她甚至还不会玩沙和拾贝。凌晨，妈妈用一条浴巾裹着她，带她到海边看日出。当喷薄而出的红日把黝黑的海面照亮时，她看到了什么？人说，孩子这么小，什么也记不住。当然了，她长大以后，不可能回忆起她四个月时的这次旅行。但是，没有在记忆中留下的，就是不存在了吗？在人的心灵中，应该还有比记忆更深邃的东西。

我替啾啾保存着这次旅行的机票，上面填有她的名字，那是属于她的非常正式的机票。我想象着将来有一天，当我把这机票交到她手上时，她会露出多么惊喜的神情。

1998.12

我给女儿当秘书

女儿三岁半，名 jiujiu。人问起是哪两个字，我总犯难。在胎里时，我们就这么叫她，意思是一个小不点儿，像小女孩扎的小辫子尖儿，写出来便是鬏鬏。可这两个字太难写，后来，有人问是不是啾啾，小鸟的叫声。用这来称呼一个叽叽喳喳的小女孩，不是挺合适吗？我将错就错，说是的，从此女儿名啾啾。

从啾啾会说话开始，我就当上了她的秘书，辛勤地记录她的言论。啾啾也很看重我这个秘书，每听人夸她说话有意思，就吩咐我："爸爸，你替我记下来。"我往往是先随手记在纸片上，然后输入电脑。她可在乎这些纸片呢，有一回在纸篓里发现了一张，便对妈妈说："上面写着我的话,不能扔。"妈妈向她解释，爸爸已经写进电脑了。但她非常坚决，一定要妈妈把这纸片收藏起来。

《女友》杂志编辑来我家，喜啾啾可爱，嘱我写稿，我便从她最近的言论中摘取一些，整理成篇。

一 啾啾很幽默

妈妈说："你是妈妈和爸爸的开心果。"她反问："我是零食呀？"

在姑姑家吃橙子,妈妈说:"酸到家了。"她不明白,问酸怎么会到家,妈妈解释了。她听懂了,却故意调侃:"我在姑姑家吃一个,酸到了自己家。在自己家吃一个,又酸到了姑姑家。"

电视上在说"鱼类",她跟着重复,面露困惑,我便给她解释"人类""鸟类""鱼类"这些词的意思。她盯着正坐在沙发上看电视的奶奶,凑近妈妈的耳朵说:"奶奶类!"逗得我们都笑了。

她把牛奶也叫奶奶,喊着要喝奶奶,我问:"奶奶是我的什么人?"她说:"是你的妈妈。"我问:"奶奶能喝吗?"她知道我是故意混淆"奶奶"的不同含义,却仍顺应我的玩笑,说:"不能,喝了奶奶,你变成孤儿了。"

她喝一口凉可乐,打了一个冷颤。我告诉她:"这是冷颤,就是冷得颤抖。"她立刻说:"会有热颤吗?"自己笑了,说:"热不会发抖的。"

她从书柜里找出一块玻璃镇纸,问我是什么,我解释了。她一笑,说:"纸对镇纸说,啊,你是警察呀。"

我问:"有一只老鼠,它的妈妈也是老鼠,它的妈妈的妈妈是什么?"她脱口而出:"是外婆。"

电话响了,妈妈接听,高兴地说:"是一九呀。"一九是我们一个朋友的名字。她发议论了:"他怎么叫一九呢,那不是数字吗?"

她拉臭。妈妈嚷道:"你太臭啦!"她立刻反驳:"我不臭,是臭臭(粪)臭!"

小保姆看见她的手有点儿皱,问:"你的手怎么啦?"她反问:"你是想说我的手老了吧?"小保姆说是,她反唇相讥:"我的手老了,你的手就更老了。"

我们在院子里散步。风很大,刚好我们三人的衣服都带帽子,我们都把帽子戴上了。她和我的衣帽是白色的,妈妈的衣帽是棕色的。她评论:"两个雪人,一个豆沙人。"

冬天,街头花园里的花看上去仍色彩鲜艳,我们议论说,那是假花。她扑哧一笑,说:"真花冻成假花了。"

我曾缺一颗门牙,成了她取笑的材料。她说了一句什么话,逗得大家围着她笑。她气愤地质问:"有什么可笑的?我又不是门牙缺!"我解释:笑可以因为可笑,也可以因为可爱。她的情绪舒展了,奚落说:"爸爸,要是缺一颗门牙,就可笑了。"然后,她把桌上的两只玩具羊的脑袋按下,自己也埋下脑袋扒在桌边,装作她们三个对我都惨不忍睹的样子。

晚上,我和妈妈都在厅里埋头看报纸,她有点寂寞,于是批评道:"两个报纸人!"接着开始来纠缠我,我说她捣乱,她笑嘻嘻地说:"爸爸,我是可爱的捣乱。"

二 啾啾有想象力

我给她讲解"想象"这个词的意思。她马上用上了:"我想象一个八岁的小朋友,腿跟我一样长,大身体小腿,穿着三岁的鞋子。"她边说边笑,觉得这个情景很好玩。

她让妈妈给她挠痒,妈妈老是挠不到痒处。于是,她抱起一只玩具兔子，指着兔子背上一个位置，让妈妈挠她背上相应的位置。按照她的示范，妈妈果然挠对了地方。

夜间行车。她对我说："我以为车在天上走，仔细看，原来是在地上走。"我朝车外一看，的确，远处的车灯像是在天空移动。

她要睡了，妈妈嘱我把灯拧暗些，她立即叫起来："不要暗！"妈妈说，亮了睡不好。她解释："不亮就行，暗有点像污染。"

吃猕猴桃，她说："我一看见猕猴桃，嘴里就酸。"喝可乐，她说："可乐冒小泡泡，我的眼睛就想哭。"

屋外传来风的尖叫声。我说："真可怕。"她附和，说："像有人掐它似的。"

朋友送给我们一套台湾画家的绘图作品。我翻开一本，与她同看。她指着一个变形的人物形象说："这个什么也不像的东西真好玩。"一语道破艺术的真谛。

她问妈妈："妈妈，你小时候不认识爸爸吧？"妈妈说是。她又问："爸爸也不认识你吧？"妈妈仍说是。她接着编起了故事："有一天，你见到了爸爸，说：'哈，你不是啾啾的爸爸吗？'爸爸也说：'哈，你不是啾啾的妈妈吗？'你们就认识了。"

去郊区玩，她一路折采枯萎的狗尾巴草，举在手中，说："我的手是花瓶。"她心情好极了，对妈妈说："妈妈，我是谱子，你来唱我吧。"

乘飞机，她坐在靠窗的座位上，第一回看见自己在云层之上，十分兴奋，评论道："云像棉花。"觉得不妥，又说："云像大海，这上面是雪浪。"

她在旅行中始终带着心爱的玩具小羊。一天早晨，她醒了，告诉我："我醒来了。"我问："小羊醒了没有？"她说："小羊是假的，只能假睡假醒。"我说："对，小羊是假的，所以做什么都只能是假做。"她表示同意："假吃饭，假玩。"然后口气一转，欣慰地说："我是真的，做什么都可以真做，真吃，真玩。"

很久以前，妈妈看着书，给她讲书上的故事，她诧异地问："这上面都是字，故事在哪里？"现在她不问了，自己也常常看着书讲故事，虽然不认识上面的大部分字，却讲得头头是道。她已经会在钢琴上弹她熟悉的几支歌，每弹必把歌本翻到相关的一页，搁在琴架上，仿佛她能读懂似的。一位音乐界朋友问她，谁教她弹琴，她答："没人教，我自己看书学的。"的确没人教，完全是她自己蒙的。她还常常给我写信，用圆珠笔在稿纸的每个方格里认真地划写，放进信封，胶水封口，然后一脸严肃地交给我。

三 啾啾爱动脑筋

她经常独自坐在沙发上，不理睬任何人。然后，仿佛猛然醒来了，问她刚才在做什么，她说："我是在发呆呢，发呆挺舒服的。"

有一回，她仿佛有所发现，告诉我："鼻子尖能看见。"我问是什么意思，她解释："是连起来的，没隔开。"我明白了，她是指两只眼睛是分开的，但看见的东西却是连起来的，由此推断鼻子尖能看见。

大人谈话时,她每听见一个新词,必定要问个明白。妈妈和我说话,她听见"口腔"这个词,问:"什么是口腔?"我笨拙地给她解释:口腔就是嘴里,里面有牙齿、舌头 她马上领悟了,说:"口腔是牙的房顶。"

晚上,在院子里,她看天空,问妈妈:"为什么我走路,星星也走路?星星都跟着我走了,不是就没有星星了吗?"

来了三个人,是访问我的。事后,她告诉我:"我不认识他们。"我说,我也不认识,但今天见过了,就由不认识变成认识了。她表示同意,还说出一番道理:"人一开始谁也不认识,只认识自己。"

我给她讲故事:"从前有一只小狗,名叫斯诺比,他的妈妈是只胖猪 "刚说到这里,她马上替我论证我的故事的合理性:"我是老虎,我的妈妈是只羊,是吧?"老虎和羊分别是她和妈妈的生肖。

春节,朋友给了她一些压岁钱,妈妈给她买了光盘和书。后来,她想起来,问:"妈妈,我的压岁钱呢?"妈妈答:"不是已经用光了吗?"她要求:"你再给我一点压岁钱吧。"妈妈说:"压岁钱不是随便给的,只有过年的时候才能给。"她发表惊人之言:"你给这个钱另起一个名字,不是就能给了吗?"

她很有主见。有一次,电视台记者采访我,想拍她的镜头,其时她已在床上,准备睡觉。看见记者进屋,她用玩具挡住脸,拒绝被拍,不停地说:"我不想上电视!"事后,她对我说:"上电视有什么好?又没有玩具,就是说一会儿话,没有意思。爸爸,你也是这样感觉的,对吧?"我连连称是。

她对人世沧桑已经有所领悟了。她问妈妈："外婆年轻的时候是什么样子的？那时候她漂亮吗？"然后说："我不想让你老，老了就不漂亮了。"

　　妈妈问："宝贝什么时候变得这么可爱的？"我说："她从生下来就可爱，可爱到现在，还要可爱下去。"她却不以为然，略带遗憾地说："长大了就不可爱了。"

　　说起了生肖，我告诉她，奶奶属蛇。她仿佛在默想什么，然后问："奶奶怎么会变这么老的？"我说："奶奶老早就生出来了，她已经活了八十多年了。"她问："她活这么长怎么还没有死？"我说："有的人会活很长时间。"她问："我也会吧？"我说："你当然会的。"她表示同意，解释道："牛的人会活很长时间。"我没听明白，问："牛的人？你不属牛。"她说："不是属牛，是牛的人，我打针不哭。"

　　她对我说起好些天前在路上看见的一只死老鼠，然后说："老鼠死了好可怜，猫死了也好可怜——"说到这里，她顿住了，轻轻一笑，说："嘻，我可别死。"说完赶紧转移了话题。

　　她和妈妈的一段对话："妈妈，我长大了，你老了，你还会照顾我吗？""当然会的。""你死了，变成天使了，你在天上还会照顾我吗？""也会的。""我也会变成天使的吧？""到你很老很老的时候会的。""我也变成了天使，到了天上，你就能照顾我了。"说完这句话，她紧紧地搂住了妈妈的脖子。我在一旁感动而又悲哀。

2002.4

生命中的珍宝
——《宝贝，宝贝》序

宝贝，宝贝，在写这本书的时候，这个词一直重叠着在我的心中回响，如同一个最温柔也最深沉的旋律。

宝贝，宝贝。

女儿是我的宝贝。小生命来到世上，天下的父母哪个不心醉神迷，谛视着婴儿花朵一样的脸蛋，满腔的骨肉之爱无以表达，一声声唤宝贝，千言万语尽在其中。

和女儿一起度过的时光，是我的生命中的宝贝。养育小生命是人生最宝贵的经历之一，其中有多少惊喜和欢笑，多少感悟和思考，给我的心灵仓库增添了多少无价的珍宝。

宝贝，宝贝，我的女儿，我的生命中的时光。

我也许命中该做父亲，比做别的什么都心甘情愿，绝对不会厌烦。我想不出，在人生中，还有什么事比养儿育女更有吸引力，更能使人身不由己地沉醉其中。

我的妻子常说，没见过像我这么痴情的爸爸。周围的朋友，看见我这么陶醉地当爸爸，有的称赞我是伟大的父亲，有的惋惜我丧失了革命的斗志。我心里明白，伟大根本扯不上，我是受本能支配，恰恰证明我平凡。至于丧失了斗志，我不在乎，倘若一种斗志会被生命自身的力量瓦解，恰恰证明它没有多大价值。

性是大自然最奇妙的发明之一，在没有做父母的时候，我们并不知道大自然的深意，以为它只是男女之欢。其实，快乐本能是浅层次，背后潜藏着深层次的种属本能。有了孩子，这个本能以巨大的威力突然苏醒了，一下子把我们变成了忘我舔犊的傻爸傻妈。

爱孩子是本能，但不止于本能。无论第几次做父亲，新生命的到来永远使我感到神秘。一个新生命的形成，大自然不知运作了多少个世纪，其中不知交织了多少离奇的故事。

我的女儿，你原本完全可能不来找我，却偏偏来了，选中我做你的父亲，这是何等的信任。如果有轮回，天下人家如恒河之沙，你这一个灵魂偏偏投胎到了我的家里，这是何等的因缘。如果有上帝，上帝赐给了我生命，竟还把照看你的生命的荣耀也赐给了我，这是何等的恩宠。面对你，我庆幸，我喜乐，我感恩。

我有写日记的习惯。女儿出生后，她成了我的日记里的主角。这很自然，因为她也成了我的生活里的主角。我情不自禁地记下她的一点一滴表现，如同一个藏宝迷搜集一颗又一颗珠宝，简直到了贪婪的地步。尤其从她咿呀学语开始，我记录得格外辛勤，语言能力的每一点进步，逐渐增多的有趣表达，她的奇思妙想和惊人之言，只要听到，我就赶紧记下来，生怕流失。事实上，如果不记下来，绝大部分必定流失。

这当然是需要一点儿毅力的，因为养育孩子既是最快乐的，也是最劳累的，这种劳累往往使人麻木和怠惰，失去了记录的雅兴和余力。不过，我是欲罢不能。我清楚地意识到，孩子年幼的这一段时光，生命初期的奇妙景象，对于我是一笔多么宝贵的财富，而这段时光是那样稍纵即逝，这笔财富是那样容易丢失。上天赐给了我这么好的运气，我绝不可辜负。此时此刻，这就是我的事业和使命，其余一切必须让路。

物质的财宝，丢失了可以挣回，挣不回也没有什么，它们是这样毫无个性，和你本来就没有必然的关系，只不过是换了一个地方存放罢了。可是，你的生命中的珍宝是仅仅属于你的，它们只能存放在你的心灵中和记忆中，如果这里没有，别的任何地方也不会有，你一旦把它们丢失，就永远找不回来了。

当我现在重读和整理这些记录时，我发现，在女儿二至五岁的四年里，记的精彩段子最多，以后就大为减少了。我认为，这并不意味着她后来退步了，而是显示了一种规律性的现象。二至五岁正是幼儿期，心智的各个要素，包括感觉、认知、语言、想象，如同刚破土的嫩苗，开始蓬勃生长。一方面，这些要素尚未分化，浑然一体，相得益彰，另一方面，又尚未被成人世界的概念思维和功利计算所同化，清新如初。人们对于幼儿绘画赞美有加，其实，幼儿语言毫不逊色，同样富于独创性。这是原生态的精神现象，奇妙无比，在生命的以后阶段绝不可能重现。打一个未必恰当的比方，犹如中国的先秦文化和欧洲的古希腊文化不可能重现一样。长大以后，在较好的情形下，心智的某一要素得到良好发展，成为某一领域的能者。在最好的情形下，心智保持纯真的品质和得到全面的发展，那就是天才了。

如果说，生命早期的精彩纷呈对于做父母的是宝贵财富，那么，对于孩子自己就更是如此了。但是，孩子身在其中，浑然无知，尚不懂得欣赏和收藏它们，而到了懂得的年纪，它们早已散失在时光中了。为孩子保住这一份财富，这只能是父母的责任。在为女儿做记录时，我经常想，她长大后，有一天，我把这一份记录交到她的手上，她会多么欣喜啊。这是真正的无价之宝，天下父母能够给孩子的礼物，不可能有比这更贵重的了。

现在有一些父亲或母亲以自己的孩子为题材写书，写的是他们很特别的育儿经历。他们有宏大的目标和周密的计划，从零岁开始，一步一步，把自己的孩子培育成天才，终于送进了哈佛或牛津。在我的这本书里，没有一丁点儿这样的东西。事实上，我也不是这种目光远大、心思缜密的家长，而只是一个普通的父亲罢了。对于我的女儿，我只希望她健康、快乐地成长，丝毫不想在她身上施展我的宏图。

从一个人教育孩子的方式，最能看出这个人自己的人生态度。那种逼迫孩子参加各种竞争的家长，自己在生活中往往也急功近利。相反，一个淡泊于名利的人，必定也愿意孩子顺应天性愉快地成长。我由此获得了一个依据，去分析貌似违背这个规律的现象。譬如说，我基本可以断定，一个自己无为却逼迫孩子大有作为的人，他的无为其实是无能和不得志；一个自己拼命奋斗却让孩子自由生长的人，他的拼命多少是出于无奈。这两种人都想在孩子身上实现自己的未遂愿望，但愿望的性质恰好相反。

家庭教育是人的一生教育的起点和基础，具有学校教育不可替代的重要性。在这个意义上，我也认为好父母胜过好老师。不过，什么是好父母，人们的观念截然不同。我自认为是一个好父亲，理由仅仅在于，当女儿幼小时，我是她的一个好玩伴，随着她逐渐长大，我在争取成为她的一个好朋友。我一向认为，做孩子的朋友，孩子也肯把自己当作朋友，乃是做父母的最高境界。至于在我们之间，谁是老师，谁是学生，还真分不清楚，我只能说，我从她那里学到的，绝不比她从我这里学到的少。

做人和教人在根本上是一致的。我在人生中最看重的东西，也就是我在教育上最想让孩子得到的东西。进一个名牌学校，谋一个赚钱职业，这种东西怎么有资格成为人生的目标，所以也不能成为教育的目标。我的期望比这高得多，就是愿她成为一个善良、丰富、高贵的人。

如此看来，这是一本很普通的书了。的确很普通，但凡做父母的，只要有足够的细心和耐心，会写字，谁都可以写这样的一本书。然而，它并不因此就没有了价值，相反，也许这正是它的价值之所在。

世上已经有太多的书，讲述各种伟大的真理、精彩的故事、成功的楷模，我无意加入其列。我只想叙述平凡的生活，叙述平凡生活中的一个珍贵的片断。人们大约不会认为这只是一本谈育儿的书吧。但愿在读了这本书以后，有更多的人相信，伟大、精彩、成功都不算什么，只有把平凡生活真正过好，人生才是圆满。

世代交替，生命繁衍，人类生活的基本内核原本就是平凡的。战争，政治，文化，财富，历险，浪漫，一切的不平凡，最后都要回归平凡，都要按照对人类平凡生活的功过确定其价值。即使在伟人的生平中，最能打动我们的也不是丰功伟绩，而是那些在平凡生活中显露了真实人性的时刻，这样的时刻恰恰是人人都拥有的。遗憾的是，在今天的世界上，人们惶惶然追求貌似不平凡的东西，懂得珍惜和品味平凡生活的人何其少。

所以，我的这本书未尝不是一个呼唤。

最后，我要对女儿说几句话。

宝贝，我要你记住，你是一个普通的女孩。我之所以写你，不是因为你多么特别，只是因为你是我的女儿。在写你的这本书出版以后，你也仍然是一个普通的女孩，不会因为这本书而变得特别。

当然，我也只是一个普通的父亲，与别的爱自己孩子的父亲没有什么两样。我写这本书，不是因为我是作家。我不是作家，也一定会写这本书，只因为我是你的爸爸。这是一个普通的父亲为他所爱的女儿写的一本书。

一个普通的父亲，爱他的一个普通的女儿，这是我写这本书的全部理由。

爱，这一个理由已经足够。

在这本书里，我只写了你从出生到刚上小学的事情。宝贝，你还记得吧，我们有一个约定，往后的事情，将来由你自己来写。爸爸的想法是，将来你不一定要写书，写不写书不重要，爸爸从来没有想把你培养成一个作家，只希望你成为一个珍惜自己生活经历的人。读了这本书，如果你不但为其中写的你幼小时候的事开心一笑，而且领略到了记录生活的魅力，养成写日记的习惯，我会非常高兴的。你将慢慢体会到，一个认真写日记的人，生活的时候是更用心、更敏锐、更有自己的眼光的，她从生活中获取的更多，更是生活的主人。

2009.11

普遍的父爱之情
——妇女节前答某报问

一、您在《妞妞》中说"诗人和女性订有永久的盟约",用来解释您对女儿比对儿子的更大期待。《妞妞》中还有其他许多地方表明您对女儿的偏爱。在此,妞妞似乎已经成为一个永恒的"女儿"形象(不是您一个人的而是所有人的),您如何看待这一形象?

许多父亲都偏爱女儿,我觉得这是很自然的。我在《妞妞》中描述了一个父亲对女儿的爱,这种父爱具有普遍性,所以引起了广泛的共鸣。不过,我并不认为妞妞会成为所有人心目中的永恒的女儿形象,每个父亲心目中一定会有自己的女儿形象。永恒的不是某个特定的女儿形象,而是普遍的父爱之情。

二、您在《妞妞》中的某些段落始终纠缠于"谁欠了谁的债",那么您认为,父母和女儿之间的这种感恩与亏负究竟如何解释?

这是误读,我没有纠缠。我的看法很明确:父母爱儿女超过儿女爱父母是很正常的,一如施恩者的爱超过受恩者的爱;儿女没有亏负父母,父母不应该要求儿女感恩;儿女长大之后,父母与儿女之间的最佳状态是亲子感情加朋友关系。

三、您现在又有了一个活泼可爱的女儿，您叫她"啾啾"，这个动人得近乎通灵的名字让我们想到与"妞妞"同韵，也暗合您在《妞妞》中那个"小鸟般拍着翅膀飞来"的意象，能不能谈谈两个生命之间冥冥中的联系？

我在《妞妞》新版序言中谈到啾啾时说："我非常爱她，丝毫不亚于当初爱妞妞。我甚至要说，现在她占据了我的全部父爱，因为在此时此刻，她就是我的唯一的孩子，就是世界上的一切孩子，就像那时候妞妞是唯一的和一切的孩子一样。一切新生命都来自同一个神圣的源泉，都是令人不得不惊喜的奇迹，不得不爱的宝贝。"这一段话准确地表达了我的感觉和想法，正可以用来回答这个问题。

四、您在《妞妞》中，经常会有一些哲理性的思辨段落，您觉得妞妞的命运和它们的关联是什么？

正是妞妞的命运促使我做了这些哲理的思考。

五、您如何看待这句话："永恒的女性引导人类前进"？如果要您赋予这里的"女性"一个身份，您认为她是母亲、恋人还是女儿？

这句话摘自《浮士德》，歌德用"永恒的女性"象征宇宙的精神本原，赋予它以女性特征。如果一定要给她一个身份，毋宁说她是母亲，宇宙的精神本原就像母亲的子宫一样是有生产能力的,就像母亲的怀抱一样是包容万物的。

2004.3

孩子的独立精神

　　看到欧美儿童身上的那一股小大人气概，每每忍俊不禁，觉得非常可爱。相比之下，中国的孩子太缺乏这种独立自主的精神，不论大小事都依赖父母，不肯自己动脑动手，不敢自己做主。当然，并非中国孩子的天性如此，这完全是后天教育的结果。所以，在这方面首先应该做出改变的是中国的父母们。如果我有孩子，我最乐于扮演的角色将是做孩子的朋友。在我看来，做孩子的朋友，孩子也肯把自己当作朋友，乃是做父母的最高境界。溺爱是动物性的爱，那是最容易的，难的是使亲子之爱获得一种精神性的品格。所谓做孩子的朋友，就是不把孩子当作宠物或工具，而是视为一个正在成形的独立的人格，不但爱他疼他，而且给予信任和尊重。凡属孩子自己的事情，既不越俎代庖，也不横加干涉，而是怀着爱心加以关注，以平等的态度进行商量。父母与孩子之间要有朋友式的讨论和交流的氛围。正是在这种氛围里，孩子便能够逐渐养成基于爱和自信的独立精神，从而健康地成长。

1997.8.5

为了孩子的平安

——黄军《女儿劫》序

天下父母最牵挂的是孩子的平安,最不敢想象的是孩子有个三长两短。把孩子从一个小嫩肉团抚养成人,其中的辛苦自不待言,但苦中有甘,凡是真正爱孩子的父母没有不任劳任怨而且心甘情愿的。唯有那不可测的天灾人祸,再深厚的父爱母爱也不能将它们防备和阻挡,爱得越深就越是担惊受怕。在未做父母时,耳闻这类灾祸我们只会恻隐,现在却感到了莫名的恐惧。我们只好向上苍祈祷,但愿暗箭不要射中自己的孩子,自己的孩子能够平安长大。

可是,天下终归有不幸的父母,那中箭的偏偏是自己的孩子。

一个八岁的小女孩和她的同伴去公园里玩,这是多么平常的情景。公园是闹市里的避风港,使人想到和平、安全、宁静,做父母的当然应该放心。谁能料到,一场车祸就发生在这里,公园管理者竟听任机动车辆驶入,一辆摩托车把这个名叫芊芊的小女孩撞倒在血泊里,肇事后逃逸。从灾难发生的时刻起,芊芊的父母跌入了他们生活中的一段最为身心交瘁的日子。一方面,聪明活泼的女儿突遭惨祸,生命垂危,其后又经历了巨创和两次大手术的可怕痛苦,后遗症至今未除,这一切使他们在感情上遭受了空前的折磨。另一方面,他们又必须强打精神,奔走于今日最令人望而生畏的两个场所——医院和法院，艰难地为孩子寻求合理的治疗，也为事故的责任讨个公道。

黄军是芊芊的母亲，经历了如此重大的家庭灾难，她需要铭记也需要了断，于是为自己也为女儿写了这本书。在正式出版之前，她把书稿寄给了素不相识的我，使我得以先睹。读了这本书，我不由得再一次对伟大的母爱肃然起敬，正是凭借这爱，一个内心柔弱的女子方能如此坚强地与苦难搏斗。然而，我相信这本书的意义不只是为作者自己保存了一份不同寻常的生命体验，更是向社会敲响了一声不容再充耳不闻的警钟。我的意思是说，现在应该是全社会都来关心孩子们的平安的时候了。

许多父母都有这样的感觉：当今之世，在孩子稚嫩的生命四周布满着陷阱。天灾非人力所能左右，不去说它，问题的严重性在于，现在有太多的人祸落到我们的孩子身上。随手翻翻报纸，这类惨剧时有报道，件件触目惊心，匪夷所思。就在昨天送达的报纸上，我便读到了两则，一是全国许多家商场发生儿童从自动扶梯旁的缝隙坠楼伤亡的事件，另一是西安一少年在人行道上摸了一下电线杆的斜拉钢缆绳便触电身亡。我这个不常读报的人，记忆里已经留有许多类似的新闻了。倘若把近些年报刊上披露的发生在孩子身上的恶性事故加以收集，汇编成册，一定厚得惊人。何况见诸报端的究属少数，更多的受害家庭是沉默的大多数。这样高的发生率是不能用一句"意外事故"轻易打发的，毋宁说种种社会弊端已经使孩子们的生存环境严重恶化，以至于能够躲过其伤害反倒是一种侥幸了。公共设施的质量纰漏和公共场所的管理不善，交通秩序的混乱和交通事故的频繁，医德的败坏和医疗事故的司空见惯，治安状况的恶劣和犯罪的猖獗，凡此种种均使公民的人身安全受到威胁，而首当其冲的受害者正是缺乏防卫能力的孩子们。置身于这样环境里的父母，谁不为自己的孩子捏一把冷汗呢？

现代文明社会的标志之一是关心儿童，这种关心体现在福利、教育等多方面特殊的优待上，但最起码的要求是给儿童提供一个相对安全的生存环境。当然，我知道，就我们的国情而言，要达到这最起码的要求亦非易事，有待于整个社会状况的改善。但是，我们至少应该也可以从立法执法上着手，对于残害儿童的犯罪行为从严惩处，对于伤害儿童的责任事故从严追究。这至少能够给人们一种信心，相信孩子的安全是确实受到了法律的保护的。倘若一个社会连这样的信心也不能给人们，人们又怎会对这个社会有信心呢。基于这一点认识，我衷心期望黄军追究事故的法律责任的努力将获得公正的结果。

1998.8

父母们的眼神

街道上站着许多人,一律沉默,面孔和视线朝着同一个方向,仿佛有所期待。我也朝那个方向看去,发现那是一所小学的校门。那么,这些肃立的人们是孩子们的家长了,临近放学的时刻,他们在等待自己的孩子从那个校门口出现,以便亲自领回家。

游泳池的栅栏外也站着许多人,他们透过栅栏朝里面凝望。游泳池里,一群孩子正在教练的指导下学游泳。不时可以听见某个家长从栅栏外朝着自己的孩子呼叫,给予一句鼓励或者一句警告。游泳课持续了一个小时,其间每个家长的视线始终执着地从众儿童中辨别着自己的孩子的身影。

我不忍心看中国父母们的眼神,那里面饱含着关切和担忧,但缺少信任和智慧,是一种既复杂又空洞的眼神。这样的眼神仿佛恨不能长出两把铁钳,把孩子牢牢夹住。我不禁想,中国的孩子要成长为独立的人格,必须克服多么大的阻力啊。

父母的眼神对于孩子的成长有着不可低估的影响。打个不太确切的比方,即使是小动物,生长在昏暗的灯光下抑或在明朗的阳光下,也会造就成截然不同的品性。对于孩子来说,父母的眼神正是最经常笼罩他们的一种光线,他们往往是借之感受世界的明暗和自己生命的强弱的。

看到欧美儿童身上的那一股小大人气概,每每忍俊不禁,觉得非常可爱。相比之下,中国的孩子便仿佛总也长不大,不论大小事都依赖父母,不肯自己动脑动手,不敢自己做主。当然,并非中国孩子的天性如此,这完全是后天教育的结果。我在欧洲时看到,那里的许多父母在爱孩子上绝不逊于我们,但他们同时又都极重视培养孩子的独立生活能力,简直视为子女教育的第一义。在他们看来,真爱孩子就应当从长计议,使孩子离得开父母,离了父母仍有能力生活得好,这乃是常识。遗憾的是,对于中国的大多数父母来说,这个不言而喻的道理尚有待启蒙。

我知道也许不该苛责中国的父母们,他们的眼神之所以常含不安,很大程度上是因为看到了在我们的周围环境中有太多不安全的因素,诸如交通秩序混乱、公共设施质量低劣、针对儿童的犯罪猖獗等,皆使孩子的幼小生命面临威胁。给孩子们提供一个相对安全的生存环境,这的确已是全社会的一项刻不容缓的责任。但是,换一个角度看,正因为上述现象的存在,有眼光的父母在对自己孩子的安全保持必要的谨慎之同时,就更应该特别注重培养他们的独立精神和刚毅性格,使他们将来有能力面对严峻环境的挑战。

1999.2

记录成长
——《孩子怎样长大》丛书总序

东方出版中心决定出版一套丛书,总题目叫《孩子怎样长大》,我觉得这个题目出得非常好。成长是人生最重要而奇妙的经历之一,我们在一生中有两次机会来体验这个经历,一次是为人子女,在父母抚育下长大,另一次是为人父母,抚育孩子长大。然而,我们所经历过的事情,未必就是我们所了解的。事实上,在这两种情形下,我们的处境都带有某种不可避免的盲目性。因此,孩子怎样长大——这始终是一个需要我们特别关注的题目。

在这方面,有一个做法值得提倡,就是从孩子出生那天起,就坚持不懈地为孩子写日记,记录孩子的成长过程。在我看来,凡是有文化的父母都应该这样做,这是他们能够为孩子、也为自己做的一件极有价值的事情。

当一个人处在成长之中时,他必然是当局者迷,无法从旁来观察自己的成长过程。一颗种子只是凭着生命的本能发芽和生长罢了。生命在其早期阶段有多少令人惊喜的可爱的表现,可是对于这生命的主人来说,他们往往连记忆也留不下,成了一笔在岁月中永远遗失的财富。我们在孩提时代是如此,现在我们的孩子也是如此。如果你是一个珍惜自己的生命经历的人，你一定会为这种缺失而遗憾。那么，既然现在你做了父母，你为什么不为你的孩子来做这一件可以减轻其遗憾的事情呢？我相信，在孩子长大后，做父母的能够送给孩子的最好礼物就是一本记录其童年趣事和成长细节的日记。

当然，在做了父母以后，我们也未必是旁观者清。孩子的成长并非一个发生在父母的生活之外的事件，它始终是与父母自己的生活交织在一起的。孩子长大的过程，同时也是父母抚养和教育孩子的过程，我们身在这同一个过程中，并不是超脱和清醒的旁观者。一个人即使是专门的教育家，一旦自己为人父母，抚育孩子长大仍然是一种全新的经验，必须在实践中摸索。正因为如此，记录孩子的成长对于我们自己也有了必要。当我们这样做的时候，我们同时也是在对自己抚育孩子的经验进行反省和思考，被记录下来的不仅是我们观察到的孩子学习做人的过程，也是我们自己学习做父母的过程。因此，这一份将来送给孩子的珍贵礼物同时也是我们自己生命中一段重要历程的宝贵留念。

我承认，持之以恒地做这件事是相当困难的，因为我们不只是做父母，除了抚育孩子之外，我们还有许多别的事情要做，不得不为了生存或事业而奋斗。在日常的忙碌中，我们很容易变成粗心的、甚至麻木的父母。不过，在我看来，这恰好是我们应该坚持做这件事的又一个理由，它也许是防止我们变成这样的父母的一个有效方法。一旦养成了习惯，记录的必要会促使我们的感觉更敏锐，观察更细致，通过记录成长，我们也就在更好地欣赏和研究成长。

其实，必定有一些父母是真正的有心人，他们已经这样做了。那么，按照我的理解，现在的这套丛书便是对他们的一个邀请，请他们把自己的记录整理成书，从而让他们所做的这件对他们自己和他们的孩子极有价值的事情也对社会产生价值。读了收进本丛书的第一部书稿——李晶的《发现孩子》，我对这种价值充满信心。我深信，像这样在长期积累的基础上以诚实的态度写出的个案，不但对于别的正在抚育孩子成长的父母和正在成长之中的孩子会有亲切的启示，而且对于成长问题的科学研究也是扎实的贡献，其价值远非那些被大肆炒作的传授走红少男少女之培养术的书籍可比。

2001.11

鼓励孩子的哲学兴趣

在一定的意义上，孩子都是自发的哲学家。他们当然并不知道什么是哲学，但是，活跃在他们小脑瓜里的许多问题是真正哲学性质的。我相信，就平均水平而言，孩子们对哲学问题的兴趣要远远超过大多数成人。这一方面是因为，从幼儿期到青春期，正是一个人的理性开始觉醒并逐渐走向成熟的时期，好奇心最强烈，求知欲最旺盛。另一方面，展现在他们眼前的是一个全新的世界，在这个阶段内，生命的生长本身就不断带来对人生的新的发现，看世界的新的角度，使他们迷乱和兴奋，也使他们困惑和思考。哲学原是对世界和人生的真相之探究，童年和青少年时期恰是发生这种探究的最佳机会。

然而，在大多数人身上，随着年龄和阅历增长，曾经有过的那种自发的哲学兴趣似乎完全消失了，岁月把一个个小哲学家改造成了大俗人。之所以发生这种情况，孩子周围的大人——包括家长和老师——要负相当的责任。据我所见，对于孩子提出的哲学问题，大人们普遍以三种方式处理，一是无动于衷，认为不值得理睬；二是粗暴地顶回去，教训孩子不要瞎想；三是自以为是，用一个简单的答案打发孩子。在大人们心目中，对世界和人生的思考太玄虚，太无用，功课、考试、将来的好职业才是正经事。在这种急功近利的氛围中，孩子们的哲学兴趣不但得不到鼓励，而且往往过早地遭到了扼杀。

哲学到底有用还是无用，要回答这个问题，关键是如何看待所谓用。如果你只认为应试、谋职、赚钱是有用，那么，哲学的确没有什么用。可是，如果你希望孩子成为一个真正优秀的人，那么，哲学恰恰是最有用的。人类历史上的一切优秀者，不管是哪一个领域的，必是对世界和人生有自己广阔的思考和独特的理解的人。一个人只有小聪明而没有大智慧，却做成了大事业，这样的例子古今中外都不曾有过呢。

所以，如果你真正爱孩子，关心他们的前途，就应该把你自己的眼光放得远一点。不要挫伤孩子自发的哲学兴趣，而要保护和鼓励，而最好的鼓励办法就是和他们一起思考和讨论。事实上，任何一个真正的哲学问题都不可能有所谓的标准答案，可贵的是发问和探究的过程本身，使我们对那些根本问题的思考始终处于活泼的状态。

2005.5

创造力的来源
——答《父母》杂志问

问：您觉得您的创造力从哪里来？人怎样才能有非凡的创造力？您怎样培养自己的孩子的创造力？

答：创造力并不神秘，在我看来，它无非是在强烈的兴趣推动下的持久的努力。其中最重要的因素，第一是兴趣，第二是良好的工作习惯。通俗地说，就是第一要有自己真正喜欢做的事，第二能够全神贯注又持之以恒地把它做好。在这个过程中，人的各种智力品质，包括好奇心、思维能力、想象力、直觉、灵感等，都会被调动起来，为创造做出贡献。

我的工作是写作。我的写作是从写日记开始的。上小学时，我就自发地写起了日记，热衷于把每日的经历、心情、感受记录下来。如果说我有一点儿所谓的写作能力，则完全是得益于这个保持到今的习惯。

对我正在上小学的女儿，我不让她上任何补习班、强化班，启发她轻分数而重理解，鼓励她读感兴趣的课外书。总之，如果说我对她有所培养，放在第一位的是超越应试的健康心态和快乐学习的能力，而不是知识本身，尤其不是分数。也许正因为如此，她反倒始终轻松地保持着全班优秀生的地位。

2007.7

亲子之情

在一切人间之爱中，父爱和母爱也许是最特别的一种，它极其本能，却又近乎神圣。爱比克泰德说得好："孩子一旦生出来，要想不爱他已经为时过晚。"正是在这种似乎被迫的主动之中，我们如同得到神启一样领悟了爱的奉献和牺牲之本质。

然而，随着孩子长大，本能便向经验转化，神圣也便向世俗转化。于是，教育、代沟、遗产等各种社会性质的问题产生了。

我以前认为，人一旦做了父母就意味着老了，不再是孩子了。现在我才知道，人唯有自己做了父母，才能最大限度地回到孩子的世界。

为人父母提供了一个机会，使我们有可能更新对于世界的感觉。用你的孩子的目光看世界，你会发现一个全新的世界。

凡真正美好的人生体验都是特殊的，若非亲身经历就不可能凭理解力或想象力加以猜度。为人父母便是其中之一。

如果孩子永远不长大，那当然是可怕的。但是，孩子会长大，婴儿时的种种可爱留不住，将来会无可挽回地消失殆尽，却也是常常使守在摇篮旁的父母感到遗憾的。

看着孩子可爱的模样，我心中总是响起一个声音：假如这情景能常驻该多好啊！当然，这是不可能的，孩子会长大，以后会有长大了的可爱和不可爱，没有任何办法能够阻挡孩子走向辉煌的或者平凡的成年。

即使有办法，我也不愿意阻挡，不过那是另一个问题了。

做孩子的朋友，孩子也肯把自己当作朋友，乃是做父母的最高境界。溺爱是动物性的爱，那是最容易的，难的是使亲子之爱获得一种精神性的品格。所谓做孩子的朋友，就是不把孩子当作宠物或工具，而是视为一个正在成形的独立的人格，不但爱他疼他，而且给予信任和尊重。凡属孩子自己的事情，既不越俎代庖，也不横加干涉，而是怀着爱心加以关注，以平等的态度进行商量。父母与孩子之间要有朋友式的讨论和交流的氛围。正是在这种氛围里，孩子便能够逐渐养成基于爱和自信的独立精神，从而健康地成长。

从一个人教育孩子的方式，最能看出他自己的人生态度。那种逼迫孩子参加各种班学各种技能的家长，自己在生活中往往也急功近利。相反，一个淡泊于名利的人，必定也愿意孩子顺应天性愉快地成长。

我由此获得了一个依据，去分析貌似违背这个规律的现象。譬如说，我基本可以断定，一个自己无为却逼迫孩子大有作为的人，他的无为其实是无能和不得志，一个自己拼命奋斗却让孩子自由生长的人，他的拼命多少是出于无奈，这两种人都想在孩子身上实现自己的未遂愿望。

在这个世界上，唯有孩子和女人最能使我真实，使我眷恋人生。

孩子和教育

电视镜头：妈妈告诉小男孩怎么放刀叉，小男孩问："可是吃的放哪里呢？"

当大人们在枝节问题上纠缠不清的时候，孩子往往一下子进入了实质问题。

在孩子眼中，世界是不变的。在世界眼中，孩子一眨眼就老了。

儿童的可贵在于单纯，因为单纯而不以无知为耻，因为单纯而又无所忌讳，这两点正是智慧的重要特征。相反，偏见和利欲是智慧的大敌。偏见使人满足于一知半解，在自满自足中过日子，看不到自己的无知。利欲使人顾虑重重，盲从社会上流行的意见，看不到事物的真相。这正是许多大人的可悲之处。

耶稣说，在天国里儿童最伟大。泰戈尔说，在人生中童年最伟大。几乎一切伟人都用敬佩的眼光看孩子，因为孩子对世界充满好奇心，做事只凭真兴趣，不受功利和习俗的支配。如果一个成人仍葆有这些品质，我们就说他有童心，而童心正是创造力的源泉。凡葆有童心的人，往往也善于欣赏儿童，二者其实是一回事。相反，那些执意要把孩子引上成人轨道的人，自己的童心往往也已经死灭。

华兹华斯说："孩子是大人的父亲。"我这样来论证这个命题——

孩子长于天赋、好奇心、直觉，大人长于阅历、知识、理性，因为天赋是阅历的父亲，好奇心是知识的父亲，直觉是理性的父亲，所以孩子是大人的父亲。

这个命题除了表明我们应该向孩子学习之外，还可做另一种解释：对于每一个人来说，他的童年状况也是他的成年状况的父亲，因此，早期的精神发育在人生中具有关键作用。

在失去想象力的大人眼里，孩子的想象力也成了罪过。

童年无小事，人生最早的印象因为写在白纸上而格外鲜明，旁人觉得琐碎的细节很可能对本人性格的形成产生过重大作用。

我一再发现，孩子对于荣誉极其敏感，那是他们最看重的东西。可是，由于尚未建立起内心的尺度，他们就只能根据外部的标志来判断荣誉。在孩子面前，教师不论智愚都能够成为权威，靠的就是分配荣誉的权力。

据说童年是从知道大人们的性秘密那一天开始失去的。在资讯发达的今天,孩子们过早地失去了童年,而大人们的尴尬在于,不但失去了秘密,而且失去了向孩子揭示秘密的权力。

成长是一个不断学习的过程,学习如何做人处世,如何思考问题。不过,学习的场所未必是在课堂上。事实上,生活中偶然的契机,意外的遭遇,来自他人的善意或恶意,智者的片言只语,都会是人生中生动的一课,甚至可能改变我们的人生方向。

青春似乎有无数敌人,但是,在某种意义上,学校、老师、家长、社会等都是假想敌,真正的敌人只有一个,就是虚伪。当一个人变得虚伪之时,便是他的青春终结之日。在成长的过程中,一个人能够抵御住虚伪的侵袭,依然真实,这该是多么非凡的成就。

我常常观察到,很小的孩子就会表露出对死亡的困惑、恐惧和关注。不管大人们怎样小心避讳,都不可能向孩子长久瞒住这件事,孩子总能从日益增多的信息中,从日常语言中,乃至从大人们的避讳态度中,终于明白这件事的可怕性质。他也许不说出来,但心灵的地震仍在地表之下悄悄发生。面对这类问题,大人们的通常做法一是置之不理,二是堵回去,叫孩子不要瞎想,三是给一个简单的答案,那答案必定是一个谎言。在我看来,这三种做法都是最坏的。正确的做法是鼓励孩子,不妨与他讨论，提出一些可能的答案，但一定不要做结论。让孩子从小对人生最重大也最令人困惑的问题保持勇于面对的和开放的心态，这肯定有百利而无一弊，有助于在他们的灵魂中生长起一种根本的诚实。

真实的、不可遏制的兴趣是天赋的可靠标志。

一个人的天赋素质是原初的、基本的东西，后天的环境和教育都是以之为基础发生作用的。对于一个天赋素质好的人来说，即使环境和教育是贫乏的，他仍能从中汲取适合于他的养料，从而结出丰硕的果实。

把你在课堂上和书本上学到的知识都忘记了，你还剩下什么？——这个问题是对智力素质的一个检验。

把你在社会上得到的地位、权力、财产、名声都拿走了，你还剩下什么？——这个问题是对心灵素质的一个检验。

事实上，每个人天性中都蕴涵着好奇心和求知欲，因而都有可能依靠自己去发现和领略阅读的快乐。遗憾的是，当今功利至上的教育体制正在无情地扼杀人性中这种最宝贵的特质。在这种情形下，我只能向有识见的教师和家长反复呼吁，请你们尽最大可能保护孩子的好奇心，能保护多少是多少，能抢救一个是一个。我还要提醒那些聪明的孩子，在达到一定年龄之后，你们要善于向现行教育争自由，学会自我保护和自救。

　　是到全民向教育提问的时候了。中国现行教育的弊病有目共睹，有什么理由继续忍受？可以毫不夸张地说，在今日中国，教育是最落后的领域，它剥夺孩子的童年，扼杀少年人的求知欲，阻碍青年人的独立思考，它的所作所为正是教育的反面。改变无疑是艰难的，牵涉到体制、教师、教材各个方面。但是，前提是澄清教育的理念，弄清楚一个问题：教育究竟何为？

图书在版编目（CIP）数据

爱的五重奏 / 周国平著. -- 武汉：长江文艺出版社，2023.5
ISBN 978-7-5702-2864-5

Ⅰ. ①爱… Ⅱ. ①周… Ⅲ. ①女性－人生哲学－通俗读物 Ⅳ. ①B821-49

中国版本图书馆 CIP 数据核字(2022)第 165862 号

爱的五重奏
AI DE WUCHONGZOU

责任编辑：李 艳 付玉佩	责任校对：毛季慧
装帧设计：徐慧芳	责任印制：邱 莉 胡丽平

出版：长江出版传媒 长江文艺出版社
地址：武汉市雄楚大街 268 号　　邮编：430070
发行：长江文艺出版社
http://www.cjlap.com
印刷：湖北新华印务有限公司

开本：880 毫米×1230 毫米　　1/32　印张：9.5　　插页：10 页
版次：2023 年 5 月第 1 版　　　　2023 年 5 月第 1 次印刷
字数：198 千字

定价：48.00 元

版权所有，盗版必究（举报电话：027—87679308　87679310）
（图书出现印装问题，本社负责调换）